Knowledge city

Knowledge city

知识城市与大学校园

南方科技大学校园规划与建设研究

程军祥 马航 王墨晗 编著

Knowledge City and the University Campus

Researching the Planning and Construction of
the Southern University of Science and Technology Campus

中国建筑工业出版社

前　言 ～～～～～～～～

　　20世纪80年代以来，知识经济变成了世界经济的主导，世界由物质社会转向知识信息社会，知识城市理念应运而生，知识城市希望通过创新和城市空间的提升与发展使得城市结构由过去的传统结构转型到以知识为基础的发展模式上来。在构建知识城市的过程中，大学作为其知识、科技及创新的源头，起到了不可估量的作用。我国大学虽然发展迅速，但是在功能构成和布局上，还存在着较大的不足，阻碍了大学对知识城市构建的积极作用，具有较大的调整与提升空间。

　　对于多年从事相关工作的研究人员来说，可能都曾到访过几所世界一流大学，或者在某所一流大学学习交流过，但是对世界一流大学仍缺乏整体的认识，特别是从大学与城市的关系视角，国内在这方面的系统性研究比较缺乏，多偏重于校园规划与设计的个案分析。通过对知识城市理念进行系统的研究，对知识城市的概念、知识城市的构成要素以及功能链条等方面的相关内容进行分析，并对知识城市与大学之间的互动关系进行系统的归纳和总结，这是十分必要的。

　　本书首先通过对国外知识城市大学功能构成相关案例进行的分析，并结合关于知识城市的特征以及与大学之间的互动作用，总结归纳并提炼出知识城市理念下大学功能构成特点。然后通过对国内外成功知识城市大学功能布局相关案例进行的分析，结合关于知识城市功能构成模式，通过对其各功能区域的布局模式及其空间形态进行分析，总结归纳并提炼出知识城市理念大学功能布局模式。最后对南方科技大学校园进行实地调研，旨在分析知识城市理念背景下大学功能构成与功能布局现状。在我国实施知识城市战略背景下，为我国大学的功能构成与功能布局的优化提升提供了一种新的思路。本书对提高我国校园规划与建筑设计的总体水平，了解世界一流大学的现状与发展趋势将具有较高的实用参考价值。

　　本书适用于高校建筑设计相关专业教学、科研，也可供相关专业技术人员参考。

　　本书分为8章：第1章为概述，阐述了大学校园建设的研究背景、研究意义，以及国内外研究现状；第2章为知识城市与大学校园，主要论述了大学与知识城市的互动关系；第3章为知识城市理念下大学功能构成与布局，主要论述了大学功能构成要素与构成模式；第4章为校园交通模式，主要对车行系统的形态类型、自行车系统设计、校园巴士系统设计等内容进行总结归纳；第5

章为校园景观与建筑设计，主要介绍国内外校园景观设计与建筑设计的实例；第6章为知识城市理念下南方科技大学校园发展，分别从发展历程、校园特点、规划原则与策略等方面，剖析了南方科技大学的规划思路；第7章为南方科技大学校园的规划特征，分别从空间结构与功能分区、道路交通规划、景观规划、空间形态规划、人文规划等方面，总结归纳了南方科技大学的规划设计特征；第8章为南方科技大学校园的建筑设计特征，分别从建筑风貌及一期、二期典型建筑等方面，介绍南方科技大学的建筑设计特点。

本书主要著作人为：程军祥、马航、王墨晗，程军祥承担了全书的主要框架制定、修正及校对审核工作，马航承担了全书的主要框架制定、统筹、主要内容撰写、修正及校对审核工作。王墨晗、闫楚倩、牛宇轩承担了全书的校对审核工作。第1章至第3章参与写作人：曹树斌、马航；第4章参与写作人：黎欣怡、马航；第5章参与写作人：马航、张程越；第6章参与写作人：牛哲聪；第7章参与写作人：黎欣怡；第8章参与写作人：张程越、蔺佳。

在写作过程中参阅和摘引了诸多文献资料，在此向这些文献资料的著作者致谢，感谢参加南方科技大学校园规划设计工作的单位提供相关的资料，包括中国城市规划设计研究院、深圳市建筑科学研究院有限公司、深圳大学建筑设计研究院、中外建工程设计与顾问有限公司、深圳市筑博工程有限公司、深圳市欧博工程设计顾问有限公司、深圳市东大国际工程设计有限公司、RMJM 罗麦庄马（深圳）设计顾问有限公司、深圳市华汇设计有限公司、天津华汇工程建筑设计有限公司、香港华艺设计顾问（深圳）有限公司、法国 AS 建筑工作室、奥意建筑工程设计有限公司、BE 建筑设计（Baumschlager Eberle Hong Kong Ltd.）、深圳市朗程师地域规划设计有限公司、深圳市中建西南院设计顾问有限公司。现场调研工作得到南方科技大学王丽春等老师的支持与协助，南方科技大学校园的部分图片由谷岚老师提供。感谢所有提供文字、图片资料的单位和个人。鉴于写作时间有限、收集的资料及翻译或有错漏，敬请读者给予批评指正。

目 录 ~~~~~~~~~~

第 3 章　知识城市理念下大学功能构成与布局

第 4 章　校园交通模式

第 5 章　校园景观与建筑设计

第 6 章　知识城市理念下南方科技大学校园发展

第 7 章 南方科技大学校园的规划特征

第 8 章　南方科技大学校园的建筑设计特征

结语

南方科技大学建筑项目获奖汇总

参考文献

第一章

概述

Knowledge city

1.1 研究背景

1.1.1 知识经济推动大学的发展

21世纪，世界由以实物生产、传递与使用为主的物质社会转向以知识生产、传递与使用为主的信息社会。此类变化致使国家之间的竞争已经转变为知识、科技以及文化教育的竞争。在经济全球一体化的今天，大学城作为高新技术创新人才的集结地和发源地，其重要性逐渐凸现出来。全球知名的高新创新产业园区大部分都是凭借大学城作为基础而发展起来的。1990年联合国研究机构提出了"知识经济"的概念，1996年经济合作与发展组织（OECD）在其年度报告《以知识为基础的经济》中首次定义了知识经济，指出知识经济是建立在"知识和信息的生产、分配和使用"之上的经济。

在以知识经济为主导的世界经济结构形式的推动下，我国的高等院校得到了前所未有的发展。随着高校在校生人数日益增加，我国开始了一场兴建大学城的热潮，据不完全统计，到目前为止，我国在建及建成的大学城众多，发展之快，规模之大，令人震撼（表1-1）。

随着知识城市理念的提出，越来越多的城市都将建设知识城市作为其核心发展战略，大学城被赋予的使命和责任越来越重。如何使大学城起到一个城市知识、技术、文化创新孵化器的作用，变得尤为重要。

表1-1　我国部分大学城统计表

省级行政单位	大学城项目	省级行政单位	大学城项目
辽宁	沈阳浑南大学城 沈阳沈北大学城 国际大学城	上海	杨浦大学城 松江大学城 闵行大学城 临港大学城
北京	沙河高教园区 良乡高教园区	江苏	江宁大学城 仙林大学城 浦口大学城 无锡大学城
河北	东部大学城 邯郸大学城 保定大学城 石家庄正定新区大学城	浙江	下沙高教园区 滨江高教园区 温州高教园区
		福建	福州大学城
天津	滨海大学城	江西	赣州大学城
山东	济南大学城 章丘大学城 青岛大学城 临沂河东大学城	广东	深圳大学城 珠海大学园区 广州大学城

续表

省级行政单位	大学城项目	省级行政单位	大学城项目
山西	山西大学城	贵州	花溪大学城
宁夏	银川大学城	海南	海南大学城
甘肃	兰州新区大学城	河南	郑州北大学城
新疆	乌鲁木齐大学城	湖北	荆州大学城
青海	青海大学城	湖南	河东大学城
四川	成都大学城	安徽	合肥大学城
陕西	长安大学城	重庆	重庆大学城
云南	昆明呈贡大学城	黑龙江	哈尔滨呼兰大学城
吉林	长春净月大学城	广西	五合大学城
内蒙古	呼和浩特大学城		

来源：根据资料改绘：苏勇. 大学城规划设计与建设 [M]. 北京：中国林业出版社，2020：311.

应对世界范围的知识经济革命需要各个国家制定相应的战略对策，在改革开放后，1995 年 5 月 6 日，中共中央、国务院在《关于加速科学技术进步的决定》中首次提出实施科教兴国战略。党的十八大以来，在以习近平同志为核心的党中央坚强领导下，我国坚定不移地深入实施科教兴国战略，科教水平的提升更加显著。在科教兴国战略提出后，我国先后制定了一系列方针政策，先后组织实施了科技攻关计划、科技推广计划、星火计划、"863"计划、火炬计划、攀登计划、国家创新计划、教育振兴计划等八大计划。在这八大计划的实施中，大学发挥了举足轻重的作用。

1.1.2 城市经济发展推动大学的发展

工业经济时代，工业和制造业是城市的主导产业，大规模机械化生产是社会的基本特征。知识经济时代，城市是围绕知识组织起来的，大学、研究所、高科技企业成为城市的主要机构，教育产业、高科技产业、信息产业成为它的主导产业，人才资本是它的主要资源。

大学的发展带动城市产生了许多短期的、直接的经济效益。首先，建设大学，必然导致城市建设量的大量增加，可以直接带动建筑业等第二产业的发展；其次，建设大学意味着大量人群的聚集、消费以及高等学校的产业化和后勤服务的社会化，既有利于拉动内需，刺激市场，又能为城市创造数量可观的就业市场，促进各种服务类第三产业的发展。2021 年中国大学生消费情况调查报告显示：2021 年中国大学生年度消费规模预计超 7000 亿元，消费潜力巨大。

1.1.3 我国大学城建设的缺点和不足

我国大学城作为一种高等教育大发展与社会主义市场经济体制下的教育模式新生事物，自 1999 年起，在我国各地先后落地开工，北有沈阳、石家庄、保定，南有珠海、广州、深圳、东莞，西有昆明、武汉，东有上海、杭州等。[①]

但是，国内的大学城在构建和发展的过程中，在很多方面还存在着不足。我国大学城缺乏理论指导并且在大学发展模式方面仍有很大的认知误区，导致我国大学城在功能构成以及功能布局等方面与国外其他知名大学城相比，仍存在着较大的差距。

目前，国内大部分大学城的构建主要是针对高等教育普及化的发展要求，因此对于如何形成产学研一体化以及与城市共享与互动等方面的问题并没有进行详细地分析和探讨，没有对大学城相关问题进行完善的梳理、分析和规划统筹。大学城活力逐渐缺失，导致其与城市经济、文化之间的互动大大被削弱，使得其知识创新源头及其对外文化创新辐射的作用大大减弱，造成一些大学城校园公共空间活力的缺失。

1.1.4 知识城市理念的产生与发展

20 世纪 90 年代，世界加快了全球知识经济一体化进程。科技创新逐渐成为经济的重要基础。世界知名城市都面临着"城市失业率居高不下；城市基础设施得不到合理使用和维护；空气、水资源和噪声带来的环境污染严重；由无家可归和犯罪导致的社会冲突变得更加尖锐"[②] 等四大矛盾，极大地阻碍了世界经济的发展和社会的稳步发展。为了应对这些矛盾，知识城市这个概念开始兴起（图 1-1）。

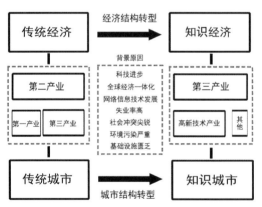

图 1-1　知识城市产生背景示意图
来源：作者自绘。

1.2 研究目的及意义

1.2.1 研究目的

（1）在构建知识城市背景下，针对大学功能构成与功能布局模式对知识城市发展的影

① 汤朔宁．大学校园生活支撑体系规划设计研究 [D]．上海：同济大学，2008.
② 王志章．知识城市：21 世纪城市可持续发展的新理念 [M]．北京：中国城市出版社，2008.

响，通过文献总结和国内外案例比较的方式，分析总结知识城市发展和大学功能构成与功能布局之间的关系，探索适合知识城市发展的大学空间环境的营造策略，从而为知识城市背景下大学城空间规划布局及设计提供一定的借鉴意义。

（2）从研究大学功能构成与功能布局入手，通过文献总结和实地调研来了解大学功能构成与功能布局的发展现状与存在的问题。结合相关国内外案例分析研究，进而提出现阶段构建知识城市背景下的共享、互动、开放、生态可持续的大学功能构成与功能布局模式。

（3）通过文献分析、实地调研以及案例对比等手段和方式，分析南方科技大学功能构成与功能布局的发展现状，营造出符合知识城市发展需求的大学功能空间。

1.2.2 研究意义

随着社会的发展，构建知识城市已经成为现在国内外城市发展的主要方向。如何构建知识城市，如何提高城市的知识、科技、文化氛围，改善城市生态环境，加快高新技术产业转型，提高全民知识文化素质，将是构建知识城市面临的主要问题。而大学城作为知识科技文化的发源地，其作用将格外重要。通过对大学功能构成与布局模式进行分析研究，总结提出相应的营造策略，改善大学城与周边城市之间的关系，提高大学对外界的辐射影响作用，从而促进知识城市建设，具有一定的理论意义和现实意义。

1. 理论意义

国外的主要文献都是倾向于针对城市级的功能布局模式进行系统的研究，但专门针对大学功能布局模式进行的研究非常少。从国内的相关文献来看，关于大学功能构成与布局模式层面的相关研究还相对比较薄弱，并没有结合知识城市理念下与城市共享互动的大学功能构成与布局模式方面的相关研究，已经研究的成果远远不能满足大学功能构成与布局应对知识城市发展的需求，亟需通过理论、方法、技术的总结来提升实践水平。

2. 现实意义

目前，各级城市正在向知识城市的方向推进。而作为其核心力量，大学在功能构成与功能布局模式探究上却还没有与之同步的发展。国内的大学与区域经济及物质社会缺乏互动，配套设施建设相对滞后，资源共享的程度不高，而且有很多大学在功能布局上缺乏充分的科学论证和规划。很多大学不仅没有起到促进城市知识文化、高新科技及创意产业的发展，成为一座文化孤岛，而且还给城市以巨大的负担。

该研究通过分析国内大学出现的问题，并结合国外知识城市营建中相关大学功能构成与布局的优秀实例，总结出先进的大学功能构成与功能布局经验及规律，从而提出适合国内知识城市发展的大学功能构成与功能布局优化调整策略，结合南方科技大学的具体案例分析，为在我国构建知识城市背景下的大学功能构成与布局调整提供参考和借鉴，具有较高的实践应用价值及指导意义。

1.3 国内外研究现状

1.3.1 知识城市理论相关研究

20世纪90年代，知识资本理论的奠基人、知识管理运动之父、瑞典隆德大学（Lund University）的雷夫·艾德文森（LeifEdvinsson）教授提出了"知识城市"理论，并认为："知识城市是一个有目的地鼓励培育知识的城市"。① 雷夫·艾德文森组织发起了世界知识城市峰会，由世界资本学会和新巴黎俱乐部倡导、主办，其目的主要为生产及培育出高附加值的产品和服务提供一个良好的背景及环境，通过知识科技的培育和创新，使城市在未来国际竞争中立于不败之地。

伊吉提勒（Yigiteanlar）在《打造知识城市：墨尔本基于知识的城市发展经验》一文中这样定义："知识城市是综合性城市，它在物质环境和体制制度方面都既能发挥城市科技园的职能，又是市民宜居之所"。②

弗朗西斯科（Francisco Carrillo）教授在《知识城市》一书中提出："知识城市是那些通过研发、技术、智慧创造新产值来推动经济的城市"。③

美国托马斯·弗里德曼（Thomas L.Friedman）在《世界是平的：21世纪简史》④中对如何构建知识城市以及相关的关于知识城市构建的成功案例进行了介绍和总结归纳。

2004年，《知识城市宣言》制定了知识城市的标准，一个成功的知识城市，应当具备良好的信息知识基础、合理的经济结构、优秀的生活环境、便捷的交通、多样性的文化、适度的城市规模和社会公平。⑤

在《发展中的知识城市——整合城市、企业和大学的校园发展战略》中，荷兰代尔夫特理工大学的亚历山德拉·登海耶教授介绍了荷兰知识城市与大学城的结合方法，以及荷兰该方向的一些成功案例。亚历山德拉·登海耶教授认为："知识城市的发展越来越依赖于城市与区域管理部门、知识型机构与企业之间的合作。政策制定者和商业战略家已经认识到，在知识经济中这些参与者拥有相互关联的发展目标，并在共同网络中发挥着各自不同的作用。"⑥

王志章在其编写的《知识城市：21世纪城市可持续发展的新理念》一书中，对知识城

---

① 吴玲，王志章. 全球知识城市视角下的中国城市空间结构研究 [A]// 城市规划和科学发展——2009 中国城市规划年会论文集. 天津：天津科学技术出版社，2009：23-32.

② Ergazak Kostas, Metaxiotis Kostas, John Psarras.Towards Knowledge Cities：Conceptual Analysis and Success Stories[J].Journal of Knowledge Management，2004（5）：5-15.

③ Francisco J.Carrillo.Knowledge Cities：Approaches，Experiences and Perspectives[M].Oxford：Butterworth-Heinemann，2006.

④ （美）托马斯·弗里德曼. 世界是平的：21 世纪简史 [M]. 何帆，等译. 长沙：湖南科学技术出版社，2006.

⑤ R.Knight.Knowledge-Based Development：Policy and Planning Implications for Cities[J].Urban Studies，1995（2）：225-260.

⑥ 亚历山德拉·登海耶，杰基·德弗里斯，汉斯·德扬，焦怡雪. 发展中的知识城市——整合城市、企业和大学的校园发展战略 [J]. 国际城市规划，2011，26（3）：50-59.

市的概念、构建背景、内容以及未来发展方向和相关案例作了相对系统的归纳和总结。[①]

在《创新生态学视角下的知识城市构建》一文中，王志章对创新生态视角下如何构建知识城市进行了分析和总结。[②]

在《全球知识城市视角下的中国城市空间结构研究》一文中，王志章对知识城市在我国应该如何构建和发展进行了分析，为知识城市在我国的发展奠定了一定的理论基础。[③]

1.3.2 城市与大学互动关系相关研究

1. 大学与城市经济的互动

美国学者安纳利·萨克森宁（AnnaLee Saxenian）在《地区优势：硅谷和 128 公路地区的文化与竞争》一书中，对硅谷和 128 公路进行了系统的分析和比较，归纳整理出硅谷中学区与高新产业之间的互动以及形成的创新优势。[④]

WimWiewel、Frank Gaffikin 在《城市空间重构：大学在城市共治中的作用》一文中，阐述了大学在带动区域经济、营造区域文化艺术氛围方面产生的不可替代的作用。[⑤]

William Richardson 在《大学社区重建与城市复兴——塔科马历史仓储区的改造利用与更新》一文中探讨了华盛顿大学塔科马分校在城市更新发展中发挥的作用，指出大学对于城市社区整体氛围的提升起到了促进作用。[⑥]

陈红梅和方淑芬在《大学城的聚集经济效应分析》一文中采用经济学中的超越对数成本函数对我国大学城经济的聚集效应影响作出评价，分析大学城的投入与产出间的关系。[⑦]

褚大建和鄢妮的《大学对所在城市和地方经济发展的关联作用研究》[⑧]、范英的《大学对所在城市经济发展的效用分析——以哈尔滨为例》[⑨]，以大学和城市经济的前向与后向关联效应理论为基础，分别以大学在美国 128 公路地区、哈尔滨经济发展中的作用为案例，揭示了大学对城市经济发展的两种重要的关联作用。

2. 大学与城市文化的互动

主要聚焦在大学或大学文化在城市文化建设中的地位、重要作用和影响等，例如李峰

① 王志章．知识城市：21 世纪城市可持续发展的新理念 [M]．北京：中国城市出版社，2008．
② 王志章，王启凤．创新生态学视角下的知识城市构建 [J]．郑州航空工业管理学院学报，2008，12（6）：56-62．
③ 吴玲，王志章．全球知识城市视角下的中国城市空间结构研究 [A]// 城市规划和科学发展——2009 中国城市规划年会论文集．天津：天津科学技术出版社，2009：1046-1054．
④ （美）安纳利·萨克森宁．地区优势：硅谷和 128 公路地区的文化与竞争 [M]．上海：上海远东出版社，2000．
⑤ WimWiewel，Frank Gaffikin，王珏．城市空间重构：大学在城市共治中的作用 [J]．国外城市规划，2002（3）：10-13．
⑥ William Richardson．大学社区重建与城市复兴——塔科马历史仓储区的改造利用与更新 [J]．时代建筑，2001（3）：25-29．
⑦ 陈红梅，方淑芬．大学城的聚集经济效应分析 [J]．燕山大学学报，2006（6）：557-560．
⑧ 诸大建，鄢妮．大学对所在城市和地方经济发展的关联作用研究 [J]．同济大学学报（社会科学版），2008（4）：27-32，46．
⑨ 范英．大学对所在城市经济发展的效用分析——以哈尔滨为例 [J]．大庆师范学院学报，2016，36（4）：14-19．

既论述了高校文化与城市文化的关系，也论述了高校文化对城市文化的引领作用。① 杨玉新既论述了高校文化与城市文化发展的关系，也论述了大学在推进城市文化建设中的作用。② 陈素文既介绍了大学文化与城市文化相融相生的耦合关系，也论述了大学文化与城市文化互动的路径选择。③ 孙雷阐述了城市文化在沉淀和培育大学文化形成、大学文化在反哺和推动城市文化发展中的作用。④

1.3.3 大学校园规划设计相关研究

李俊峰等在《大学城——我国城市化进程中的新型城市空间》一书中，系统地分析总结了我国大学城的功能构成和功能布局现状及优缺点。⑤

宋泽方、周逸湖编著的《大学校园规划与建筑设计》，从规划与环境设计方面对大学校园建筑群落的功能等进行了剖析，从校园单体建筑设计的角度探讨了平面与空间的关系。⑥

2007 年，涂慧君在《大学校园整体设计——规划·景观·建筑》中分析了我国大学校园的特点和发展现状，系统地总结了 20 世纪末至 21 世纪初我国大学校园建设中存在的若干问题，并综合规划分区、道路交通、建筑设计、景观设计和空间形态等方面的规划设计策略提出了整体规划设计的方法体系。⑦

2009 年，何镜堂主编的《当代大学校园规划理论与设计实践》，从理论和实践两个方面对当代大学校园进行了分析与总结。该书从校园发展历史、规划研究、功能分区、交通、景观等多方面对当代大学校园的规划与设计进行了全面的论述，并列举了大量的国内外大学校园实例。⑧

江立敏等主编的《迈向世界一流大学——从校园规划与设计出发》，以世界一流大学的实地调研和数据资料汇编为基础，结合专业理论和研究方法，系统地整合分析，并就未来发展趋势进行总结，对中国"双一流"大学建设具有直接的借鉴意义。⑨

王建国在《从城市设计角度看大学校园规划》一文中提出，由于高等教育事业本身及主体和客体的复杂性，校园环境基本可看作一个"小城市"或"微缩城市"。⑩

在《互塑共生——谈现代建筑创作中的城市公共空间创造》一文中，孙澄、梅洪元对城市共享化的建筑空间的研究与实例进行了系统的分析和研究。⑪

① 李峰. 发挥高校文化在锦州城市文化建设中的引领作用 [J]. 辽宁工业大学学报（社会科学版），2012，14（3）：63-65.
② 杨玉新. 大学在城市文化发展中的作用分析 [J]. 现代商贸工业，2012，24（21）：69-70.
③ 陈素文. 略论大学文化与城市文化的互动发展——以福建师范大学福清分校为例 [J]. 福建师大福清分校学报，2015（1）：78-82.
④ 孙雷. 论大学文化与城市文化的互动 [J]. 学校党建与思想教育，2012（4）：89-90.
⑤ 李俊峰，米岩军，姚士谋. 大学城——我国城市化进程中的新型城市空间 [M]. 北京：中国科学技术大学出版社，2010.
⑥ 宋泽方，周逸湖. 大学校园规划与建筑设计 [M]. 北京：中国建筑工业出版社，2006.
⑦ 涂慧君. 大学校园整体设计——规划·景观·建筑 [M]. 北京：中国建筑工业出版社，2007.
⑧ 何镜堂. 当代大学校园规划理论与设计实践 [M]. 北京：中国建筑工业出版社，2009.
⑨ 江立敏. 迈向世界一流大学——从校园规划与设计出发 [M]. 北京：中国建筑工业出版社，2021.
⑩ 王建国. 从城市设计角度看大学校园规划 [J]. 城市规划，2002（5）：29-32.
⑪ 孙澄，梅洪元，李玲玲. 互塑共生——谈现代建筑创作中的城市公共空间创造 [J]. 哈尔滨工业大学学报，2001（4）：557-561，572.

田银生、刘韶军在《建筑设计与城市空间》一书中，对城市空间的关系问题展开分析和讨论，归纳总结出建筑与城市空间的相互作用。[①]

黄世孟的《台湾大学校园规划之经验和策略》提出了"隐形校园"的概念，即把大学校园规划范围划分为两区，希望通过相应的规划设计，使得大学校园与隐形校园和谐共生。[②]

肖玲在《大学城区位因素研究》中从城市地理学的角度，对大学城在城市中空间区位的影响因素等问题进行了系统的分析。[③]

1.3.4 相关研究归纳总结

目前，国内关于大学及其规划设计的专著与论文已有了一定数量和规模，针对国内大学城的概念、类型、建设状况以及规划模式等方面的特点，进行了归纳整理，分析了大学城的构建条件、发展动力以及大学城的本质特征、功能构成要素和规划设计等相关问题，整理总结国内大学城的规划建设，对国内大学城的相关数据和现状进行分析和总结，对大学城概念、特征、发展动力、建设模式等方面进行了系统的研究，为进一步的研究提供了基础。

在众多大学城功能布局模式的论文中，主要包括两部分研究内容：一是从使用者视角对大学城功能布局模式的研究分析与建议，主要以针对大学城功能布局的内部服务质量提升为主要的切入点。二是以大学宏观功能布局模式为主要分析对象，对大学如何做到共享、互动也有一定的涉及，但是，如何调整大学城的功能构成与功能布局来促进我国知识城市的构建和发展，还没有相关系统的分析和归纳，中观和微观层面的研究不多。

国外的主要论文倾向于针对城市级的功能布局模式进行系统的研究，在关于大学研究上主要侧重于大学城与区域的融合上，也提出了知识城市理论并做了大量理论和实践工作，但针对知识城市理念下的大学城功能布局模式而进行的研究非常少，因为国外著名大学尤其是西方的大学城都是以社区大学为主要形式，缺乏具有针对性、独立性的大学功能布局模式研究。

综上所述，关于大学的研究还停留在概念、分类、功能、特征、优势、开发模式等初级层面上，大学功能构成与功能布局模式层面的相关研究还相对比较薄弱，在对于周边区域的互动关系上研究较少，并没有结合知识城市理念下与城市共享互动的大学功能构成与功能布局模式方面的相关研究，已经研究的成果远远不能满足大学功能构成与功能布局应对知识城市发展的需求。

① 田银生，刘韶军. 建筑设计与城市空间 [M]. 天津：天津大学出版社，2000.
② 黄世孟. 台湾大学校园规划之经验与策略 [J]. 城市规划，2002（5）：46-49.
③ 肖玲. 大学城区位因素研究 [J]. 经济地理，2002（3）：274-276.

第 2 章

知识城市与大学校园

Knowledge city

2.1 知识城市理论

2.1.1 知识城市概念

20 世纪 90 年代，世界各大城市面临"失业率高、基础设施匮乏、环境污染严重、社会冲突尖锐"等四大矛盾，对社会的稳定和城市的发展造成了消极的影响。伴随着世界相关矛盾的日益激化以及知识经济结构的不断调整和发展，如何使城市得到更好更健康的发展，成为世界城市更新的新课题。在这样的背景下，瑞典隆德大学的雷夫·艾德文森提出了"知识城市"的理念，并策划举办了世界知识城市峰会。

"知识城市"指通过科技研发、知识创新和智慧培育，创造高附加值的产品和服务，从而成为知识经济、创新科技的孵化器，以此来推动城市的发展。在城市各个领域，都推行知识文化培育、创新和研发的发展战略，将知识创新作为城市发展的主要方向。[①]

越来越多的城市将"知识城市"作为发展战略的核心。许多城市开始注重在商业、教育和艺术等方面的创新能力，它突破地理和产业界限，将创新的实践活动连接在一起，进而衍生出相关知识创新的机会。[②]

随着知识城市影响力的不断提高，英国伦敦、曼彻斯特，西班牙巴塞罗那以及美国波士顿、纽约，德国慕尼黑，荷兰阿姆斯特丹等十多个城市和地区相继制定了"知识城市"发展战略，将知识城市的影响力扩散到世界各地（表 2-1）。

表 2-1　世界主要知识城市统计表

国家	城市
德国	慕尼黑、法兰克福、亚琛
美国	纽约、波士顿、匹兹堡、旧金山
荷兰	代尔夫特、阿姆斯特丹、乌特勒支
英国	伦敦、曼彻斯特
法国	巴黎
日本	东京
葡萄牙	里斯本
西班牙	巴塞罗那
加拿大	蒙特利尔
爱尔兰	都柏林
澳大利亚	墨尔本

来源：作者自绘。

[①] 孙澄，梅洪元，李玲玲. 互塑共生——谈现代建筑创作中的城市公共空间创造 [J]. 哈尔滨工业大学学报，2001（4）：557-561，572.

[②] 黄世孟. 台湾大学校园规划之经验与策略 [J]. 城市规划，2002（5）：46-49.

2.1.2 知识城市的构建条件

美国城市研究专家托马斯·J.诺耶尔对美国多个城市进行研究后提出："并不是所有城市都可以成功转型为知识城市，能否成功转型为知识城市，主要看城市的现有优势，包括区位、产业、人才、城市文化的积淀与创新、市民的整体素质、软硬环境好坏等多个方面"。

荷兰代尔夫特理工大学的亚历山德拉·登海耶教授认为："知识城市的构建通常必须具备七大基础条件，分别为知识基础、产业经济结构、生活品质、城市的多样性、交通的便捷性、城市规模以及社会公平，它们为构建知识城市提供基础条件"[1]（图 2-1）。

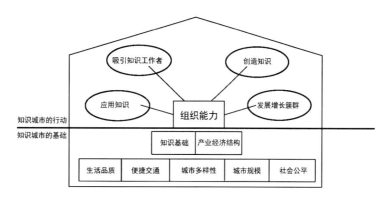

图 2-1　知识城市的基础与行动[2]
来源：作者改绘。

1. 知识基础

知识基础是知识城市构建的核心条件。知识基础通常包括：知识孵化、扩散和运用的科研教育类机构，包括学校、科研院所、大型知识类设施和相关中介服务等。

在知识基础条件中，知识城市应具有足够数量和质量的教育科研机构以及相关研发活动，例如慕尼黑拥有 10 所著名大学，是仅次于柏林排名德国第二的城市，并且全市拥有700 所图书馆，这些图书馆既是知识的储藏地，也起着知识转换器的作用（表 2-2）。

表 2-2　成功知识城市知识基础统计表

城市	大学	科研院所	公共文化设施
波士顿	波士顿大学、哈佛大学、麻省理工学院等 47 所	国家航空与宇航局电子研究中心、医学科研中心等多所科研机构	公共图书馆（含分馆）28 所，藏书 1500 万册，各大学图书馆 100 余所，以及大量博物馆和文化中心、剧场等
伦敦	牛津大学、剑桥大学、伦敦大学、伦敦帝国学院、皇家音乐、舞蹈学院等名校	伦敦皇家自然知识促进学会、英国生物技术和生物科学研究中心等多家科研院所	大英博物馆、皇家美术馆、泰特艺术馆等博物馆以及大英图书馆等公共图书馆 395 所，以及大量专业性图书馆

① 王志章，吴玲.知识城市与城市魅力构建研究 [A]// 和谐城市规划——2007 中国城市规划年会论文集.哈尔滨：黑龙江科学技术出版社，2007：1511-1518.
② Berg，Den L.V.European Cities in the Knowledge Economy[M].London：Ashgate，2005.

城市	大学	科研院所	公共文化设施
东京	东京大学、早稻田大学、东京农工大学、东京工业大学、筑波大学等十余所名校	筑波科学园中相关科研机构，占全日本科研机构的40%以上	东京国立博物馆等100多所博物馆以及东京国立国会图书馆等公共图书馆395所，总藏书量4500余万册
慕尼黑	慕尼黑大学、慕尼黑工业大学、歌德学院	马克斯·普朗克研究所、夫琅禾费协会、慕尼黑蛋白质科学中心、先进光电学中心、纳米系统首创中心等	德意志博物馆、现代艺术陈列馆、新老绘画陈列馆、州立文物博物馆等公立博物馆以及巴伐利亚公立图书馆、慕尼黑国立图书馆等图书馆
巴黎	法兰西学院、巴黎大学、综合工科学校、高等师范学校、国立铁路学校等著名高校	法兰西学院科学院、国家科学研究中心、巴黎巴斯德研究所、巴黎居里研究所、巴黎地球地理研究所等著名科研机构	毕加索博物馆、蓬皮杜中心等著名博物馆以及法国国家图书馆55所公立图书馆、45所儿童图书馆、5所特殊读者图书馆、27处图书点

来源：作者自绘。

2. 产业结构

产业结构是指农业、工业和服务业在城市经济结构中所占的比重，结构合理就能充分发挥经济优势，有利于城市经济的协调发展。一般地，由服务经济占主导地位的城市，与那些从事传统制造业和港口工业的城市相比，更容易转型为知识城市。

例如在慕尼黑，大学衍生出大量研究和知识密集型公司，如互联网技术、医药、生物技术、电信、环境等。宝马和西门子等世界级的大企业的总部就设在慕尼黑。纽约是高科技公司总部最密集的地区之一，联想集团、国际商业机器公司（IBM）、辉瑞公司等全球著名的高技术企业，总部及研发中心均设在纽约。

3. 生活品质

生活品质是在一定的物质基础上，寻求最好的生活风格和方式。城市生活品质包括软硬环境，如住房、交通、文化、教育、娱乐休闲等。知识城市生活品质首要的条件是具有吸引力的环境，高质量的住宅，充满魅力的城市公共开放空间和自然环境以及文化机构的多样性等，当然还必须包括良好的公共基础设施，如高品质的医疗机构、国际学校。只有生活品质达到一定高度，才能使城市具有足够的活力吸引知识型人才的入驻，从而促进知识城市的构建（表2-3）。

表2-3　知识城市生活品质类设施统计表

居住生活类	高级别墅、商业住宅、保障型住宅、学生教师公寓、酒店宾馆、人才公寓等
商业休闲类	餐厅、酒吧、咖啡厅、剧院、俱乐部、旅游景点、体育场馆、超级市场、商务办公场所、广场、网吧、影院、艺术中心等
基础服务类	邮政、交通、市政、供水供电、通信网络、环境保护、生态绿化、医疗、基础教育等

来源：作者自绘。

4. 城市的多样性

城市的多样性是指在城市的产业结构、经济结构、人口结构以及文化结构等方面的多样性和层次性，即在城市使用功能上进行混合，并且在城市运作发展中，各功能单元相互混合利用，相互支持合作，使整个城市呈现多元化态势，使城市功能结构有机结合，产生持续活力，提高城市整体的功能结构质量和物质环境品质。

5. 交通的便捷性

知识经济是全球经济和网络经济，良好的国际性、区域性和多模式的交通便捷系统是一个成功知识城市的关键。知识城市还必须具备快速、便捷、高品质的全球通信网络系统（表 2-4）。

表 2-4　便捷交通系统统计表

实体交通	航空系统、轨道交通、公交系统、快速路、步行系统等
通信网络	网络、信息邮递、卫星通信、传真、电话、媒体广播等

来源：作者自绘。

6. 城市规模

城市规模对知识城市的构建具有较大的影响，构建知识城市的城市，在区域内都属于综合性、核心性、大规模的城市或城市圈（表 2-5）。这些城市具有足够的国际或区域影响力，同时具备优秀的知识、科技、经济资源和条件，以及风险保障，所以城市的规模是构建知识城市的主要条件之一。

表 2-5　世界知识城市规模统计

国家	城市	规模
德国	慕尼黑	巴伐利亚州首府，占地面积为 310.43 km^2，是德国第三大城市，人口 134 万，是德国主要的经济、文化、科技和交通中心之一
美国	波士顿	马萨诸塞州的首府和最大的城市，占地面积为 232.1 km^2，人口 60 万，是一个全球性城市和世界性城市
荷兰	阿姆斯特丹	荷兰首都，荷兰政治、经济、科技、文化中心，占地面积 219 km^2，人口 75 万
英国	伦敦	英国首都，是欧洲第一大城市兼四大世界级城市之一，人口 751 万，占地面积 1577 km^2，是非常多元化的国际大都市
法国	巴黎	法国首都，是四大世界级城市之一，人口 220 万，占地面积 105.4 km^2，历史悠久，是法国的政治、经济、文化中心
日本	东京	日本首都，是四大世界级城市之一，人口 1300 万，占地面积 2188 km^2，全球最大的经济中心之一
新加坡	新加坡市	新加坡首都，面积 98 km^2，人口 340 万，是全国政治、经济、文化中心，是世界最大的港口之一和重要的国际金融中心
瑞典	斯德哥尔摩	瑞典首都和瑞典第一大城市，是瑞典政治、经济、文化以及交通中心，占地面积 5400 km^2，人口 80 万

国家	城市	规模
葡萄牙	里斯本	葡萄牙首都和最大的城市，南欧著名的世界级城市，市区面积 84.6 km²，人口 56.4 万，占葡萄牙总人口数的 5%，是葡萄牙政治、经济、文化中心
西班牙	巴塞罗那	加泰罗尼亚首府，西班牙第二大城市，欧洲著名的文化艺术之都，占地面积 91 km²，人口 160 万
加拿大	蒙特利尔	加拿大第二大城市和历史最悠久的城市，人口 162 万，占地面积 365 km²，被誉为北美的"浪漫之都"
爱尔兰	都柏林	爱尔兰共和国首都及最大的城市，占地面积 114 km²，人口 120 万，是爱尔兰政治、经济、文化中心，由于大量高技术企业聚集，又被称为欧洲硅谷
澳大利亚	墨尔本	澳大利亚第二大城市，维多利亚州首府，城市绿地面积 40%，被评为世界最适合人类居住城市，是澳大利亚的文化重镇和体育之都，拥有世界最大的有轨电车网络，占地面积 8831 km²，人口 407 万
中国	深圳	中国第四大国际大都市以及中国最早的经济特区和中国金融中心、信息中心、高新技术产业基地以及海陆空交通枢纽城市，占地面积 1997 km²，人口 1760 万

来源：作者自绘。

7. 社会公平

社会公平是指在城市的工作和生活中，人们之间应当具有平等的社会关系。不公平的社会关系容易产生和加剧社会矛盾，不利于社会的稳定，进而会影响整体城市氛围、知识文化的交流以及经济的发展，对城市活力的提升产生消极的作用，所以在构建知识城市的过程中，应该注重城市的社会公平性，保障知识城市的构建能够和谐、稳定。

深圳目前在知识基础、产业经济结构、生活品质、城市的多样性、交通的便捷度、城市规模以及社会公平等方面，都比较成熟。因此，深圳已经具备知识城市的构建条件，并且正为构建一个成熟的知识城市而不断努力。

2.2 大学校园分类与其发展历程

现代大学起源于欧洲中世纪，诞生于欧洲的城市。校园和城市的关系就是一个从封闭到开放、从隔离到互动的演变过程。

2.2.1 大学校园分类

1. 从大学与城市关系的角度

从大学与城市关系的角度，通常可以把大学校园分为三类：大学城、城市型、郊区型。①

———————————————

① 江立敏，王涤非，潘朝辉，等. 迈向世界一流大学——从校园规划与设计出发 [M]. 北京：中国建筑工业出版社，2021.

大学城是在大学发展过程中，大学本身的规模越来越大，有的大学聚集在一起，大学周围或大学校园本身成为具有一定规模的城镇。按照生长过程分为两类，一种是先有城市，然后在城市中兴办多所大学，大学成为城市的重要组成部分，随着大学的发展和对城市的逐步渗透，城市的人口素质、产业发展、城市化进程等受到大学的深刻影响，大学在城市中的地位日渐重要，高等教育逐渐成为城市的主要产业之一，这座城市就逐渐发展成为"大学城"，例如美国波士顿市，共有哈佛大学、麻省理工学院、波士顿大学等 50 多所高校；另一种是在原来的一座城镇或小规模的城市中兴办了一所大学，以后又逐渐兴办了一些院校，高等教育产业逐步发展成为其支柱产业，城市中的其他产业为大学服务或依托大学产生，形成一个以大学为主体的城市，也称为"大学城"，不过规模相对较小，例如德国的亚琛市，是以亚琛工业大学为代表的一批高校为主体的"大学城"。

城市型大学校园通常位于城市中心城区，校园结构紧凑，校园肌理融于城市街区，学院建筑与周边城市相互渗透，不存在明显的、完整的边界，校园交通依赖城市交通系统。欧洲的很多大学属于这种类型。

郊区型大学校园通常位于小城镇、城市郊区或乡村，建筑密度较低，采用分散式布局，与城市相对隔离，例如普林斯顿大学、康奈尔大学等。

2. 从大学形成原因的角度

从大学形成原因的角度，通常将大学分为两类：一类是传统型大学，是按照市场的法则和高等教育的规律逐步自然发展而成的，一般生长速度比较慢，在校园形态上，表现为不同年代、不同风格的建筑共存，以英国牛津大学城、剑桥大学城为典型；另一类是新兴型大学，通常是为适应国家的发展战略和高等教育的发展要求，由政府和高校积极主动兴建的，以日本筑波大学城为典型。前者大学历史悠久，大学与城市之间相融发展，已经形成充满人文气息的校园文化；后者大学由于有明确的目的性，往往更注重城市形成的快速性和城市运行的效率性，有明确的功能分区。

2.2.2 欧洲校园发展历程

1. 中世纪城市与大学

大学诞生在中世纪的欧洲，当时处在农业文明时期，农业在社会经济发展中占主导地位，城市以土地财产和农业为基础。在欧洲的中世纪，城市主要是社会的宗教中心、政治中心或军事中心，而非典型的社会经济中心。从地缘关系看，博洛尼亚大学所在的博洛尼亚已成为社会与经济上的国际化城市，作为商道交汇的中心枢纽，博洛尼亚是北方的朝圣者前往罗马的必经之路，这种地理位置的优势对博洛尼亚大学的产生作出了积极贡献。中世纪大学与城市存在特殊的关系，城市是大学的衣食之源和栖居之所，大学对城市产生典型的依赖性。

中世纪大学与市民时常发生冲突，中世纪市民不同于乡村人或城外人，他们作为城市的一种特权阶级，热衷于自己的特权，对其他一切邻人采取不友好甚至敌对态度，为了获取自身的生存和发展空间，大学经常与市民或城市当局展开博弈。巴黎大学历史上的"大逃散"事件就是巴黎大学学生与当地酒馆老板发生冲突后，巴黎学生遭摄政王太后下令逮捕，致使巴黎大学师生离开巴黎而迁移到其他城市，导致巴黎大学关闭，直到 1231 年，国王承认巴黎大学的独立，同时给予巴黎大学某些特权，巴黎大学才作为一个独立团体正式成立。

2. 工业革命与大学（19 世纪中期至 20 世纪初）

德国教育家洪堡的大学改革以及柏林大学的创办使科研成为大学的职能之一，欧洲各国诸多高校纷纷效仿其办学模式。在这股思想的影响下，科研成果如雨后春笋般增长出来，并且在生产实践中不断地转化为实用技术，催生了第二次工业革命的到来。为了满足城市对技术与人才的需求，新建了一些工科大学和学院来适应工业化发展的需求，以牛津大学和剑桥大学为代表的传统大学也像其他新型高等教育机构一样，科学技术逐渐取代宗教神学，成为课堂上的主要授课内容。

3. 第二次世界大战后的城市与大学（20 世纪中期至 21 世纪初）

第二次世界大战后，欧洲各国对城市进行恢复和重建，通过国家、城市和大学的共同努力，欧洲各国先后进入后工业社会。在发展过程中，欧洲各国充分认识到大学对国家和社会的价值，尤其是大学的科研和社会服务在国家生存危机和改革发展中的重要作用，大学和城市在政治、经济、文化、科技等方面展开全方位互动，成为一种不可逆转的趋势。

4. 集群化与联盟化的教育模式（21 世纪至今）

1999 年，欧洲 29 个国家在博洛尼亚签订《博洛尼亚宣言》，推动了欧洲高等教育核心力量的区域整合，为培养复合性和跨国性人才开启了新的教育模式。大学与城市互动发展走向集群化和联盟化。

2.2.3 美国校园发展历程

1. 南北战争结束前的城市与大学

与大学亲密互动的是偏远边疆地区、农村或者小镇，而不是城市，城市与大学不仅空间上分离，而且发展目标差异很大，两者各自遵循自身的轨迹运行发展。例如，1636 年创办的哈佛学院（今哈佛大学）建在波士顿的剑桥；1693 年创办的威廉与玛丽学院建在弗吉尼亚州的威廉斯堡；1701 年创办的耶鲁学院（今耶鲁大学）建在康涅狄格州的纽黑文市，当时纽黑文市基本上是个村庄。

2. 南北战争结束至第二次世界大战的城市与大学

南北战争为美国资本主义的发展开辟了广阔的道路，不仅使美国迎来了第二次工业革命，还为美国新型大学的建立和发展提供了广泛的社会经济背景。美国的很多城市都是以大学为中心发展起来的，这与欧洲有很大不同。欧洲的大学是城市发展的产物，美国是先有大学后有城市。

3. 第二次世界大战至 20 世纪 90 年代的城市与大学

第二次世界大战后，美国大量的退伍军人来到城市安家落户，刺激了城市的建设，同时也推动了美国高等教育从精英教育阶段向大众化教育阶段转化。为了解决城市下层居民住房问题，联邦政府发动了一场"自上而下"的治理中心城市运动，大学开始以主动与社区发展良好关系、开发城市等方式，参与城市问题解决，加强了大学与城市之间的联系。

2.3 我国大学功能构成现状及不足

目前我国开始了大学的建设热潮，由于在建设背景以及发展过程上与国外知名大学城存在着很大的不同，经验积累不足且急功近利，导致其在功能构成上，存在较大的缺陷及不足，严重影响到大学的活力凝聚及辐射效力，阻碍着大学及周边城区的发展。

1. 单一化

我国大学城的功能构成与国外知名大学城相比，在功能定位上以及功能构成上都呈现单一化的态势。在我国，过去大学城的功能定位，主要是为了解决过去城市中多个大学办学资源需求日益紧张而采取的一种对策，其大学城都是由该城市或该城市圈范围内各个大学的校园集中在一起围绕公共共享区而组成的一个大学的集群。其大学城概念不同于国外大学城，并不属于一个真正的混合独立的城市，而类似于大学教学集聚区，其功能定位则倾向于教育资源的整合。在这样的大学城功能构成中，构成元素配比更像是狭义大学的功能构成配比，主要包括教学类、生活类和中心共享类构成元素及极少数的高新产业区。并且各元素只是规模扩大化，但各构成元素实际比重并没有明显变化，类似于"放大化"的狭义大学校园，例如杭州大学城、广州大学城等绝大多数国内大学城，都属于此类。

2. 失衡化

在我国大学城的功能构成现状中，由于其功能定位及现状的局限性，其功能构成要素之间的配比关系呈失衡化态势。在我国大学城中，教学科研区占有绝对比重，而其他各功能构成要素相对较小。根据对我国大学城功能构成现状的归纳总结得出，国内大学城的教育科研区约占比重为65%，生活区约占20%，娱乐区约占10%，高新产业研发区约占5%，整体呈失衡态势（表2-6）。

表2-6　我国大学各功能构成要素一览表

区域划分	功能要素	空间载体	用地量化	容积率
教学区	教学活动	教学楼	65%	1.1
	科研实验	实验楼		
	信息交流	图书馆		
	会议交流	报告厅、会议中心、学术交流中心		
	行政管理	行政办公楼		

续表

区域划分	功能要素	空间载体	用地量化	容积率
生活区	居住功能	学生公寓、教工公寓	20%	1.5
	餐饮功能	食堂、酒店、饭店		
	医疗功能	校医院		
	后勤服务	网络管理、治安管理、快递		
	基础设施	停车空间等		
娱乐区	体育活动	各种体育场馆	10%	0.9
	文化活动	剧场、音乐厅		
	社交活动	咖啡厅、书吧		
研发区	孵化功能	创业中心、孵化器	5%	1.7
	商务功能	咨询服务中心等		

来源：作者自绘。

同时，功能构成失衡导致大学城人口结构也呈现失衡化发展。学生占到大学城人口构成的绝大比重。每当大学假期，很容易形成"死城"，空置率高。而且学生属于低消费群体，无法带动大学城周边商业娱乐活力，阻碍了大学城的长期发展。

2.4 国外大学与知识城市的互动关系

2.4.1 知识城市是大学的依托

1. 知识城市是大学职能活动的依托

知识城市为大学城科研教育院所提供了其需求的实践场所及环境，随着知识城市经济、文化的蓬勃发展及繁荣，这一效力将变得尤为明显。知识城市中鼓励科技创新的工作环境及从业精神为学生的实践活动提供了非常宽裕的选择余地和锻炼空间，从而为知识城市中科研教育与社会实践的紧密结合提供了充裕的空间。

同时，知识城市是一个巨大的信息载体与传播者。大学城科研教育相关活动需要优质和及时的信息环境，同时，知识城市具备高度的知识科技聚集性，知识城市内信息高度集中，进一步提高了获取信息的效率。

2. 知识城市是大学后勤供应的依托

由于知识城市中大学城都具备较为庞大的规模，因此其构成要素也相对较为复杂，大学城区域对于后勤供应无论从量还是从质上都有着日益增长的需求。但是就目前情况看，大学城的后勤需求，都必须依赖于知识城市提供支撑。从某种意义上讲，离开知识城市的物质条件及环境来支撑大学城内部的后勤支撑，将极大地阻碍大学城的构建和发展。

3. 知识城市是大学生活服务的依托

一个区域的活力是否凝聚和提升，以及其对外是否具备足够的辐射能力，生活水平是其中必不可少的决定因素之一。作为一个以教学、科研为主导，并且以对知识科技创新氛围的整体提升和对外辐射作为其主要功能的知识型城市社区，必须具有足够的活力和吸引力。只有依赖知识城市给予其足够的物质文化生活以及相应优质的相关主题活动，才能够从根本上提升大学城相关知识科技的整体创新氛围，促进大学城的构建和发展。[①]

2.4.2 大学促进知识城市的发展

1. 大学促进知识城市的经济发展

在知识经济全球化的今天，科技创新已经成为一个城市发展的根本动力和决定性因素，所以，知识城市需要科技创新类相关因素的整体发展和知识文化氛围的提升，以确保知识城市的进一步构建和发展。作为知识科技创新的源头，大学具有高效的知识科技创新活力及凝聚力，在知识城市的构建和发展过程中，大学起着不可取代的作用。

2. 大学城促进知识城市的文化生活繁荣

大学城作为科研教育核心，面对城市开展相关专业型教育以及专业知识咨询等业务，提高了城区整体知识水平和文化修养。并且，大学城特有的文化、艺术、体育等文化艺术类主题活动，为周边城区提供优质的知识创新文化生活，提高知识城市市民的生活品质，提升知识城市的整体活力。

作为城市文化生活的重心，大学城与周边城区进行共享与互动，为城市居民提供相关活动场所及设施，为居民生活提供优质方便的知识文化环境，从而促进了知识城市文化生活以及精神文明的繁荣。

3. 大学城促进知识城市的生态城市建设

大学城以知识教育科研机构为主要组成部分，具有建筑密度较低、生态因素较多等特点，并且多所大学组成的大学城规模庞大，能够形成生态上的规模效应，有力地促进知识城市的生态建设，使得知识城市内部的人工系统和自然系统得到协调发展。

2.4.3 国外案例研究

1. 哈佛大学的模式

1936年，哈佛大学在距离波士顿几英里外的安静的剑桥村庄建校，当时被称为哈佛学院。哈佛学院的创建者大多是在英国大学接受教育的殖民者。最初，哈佛学院的使命是为律师、教师、医生和牧师等提供培训。1865 年后，哈佛学院开始从一所职业学院发展为一所大学。它开始设立新的学科，更新和扩充课程体系，将已有的医学院、神学院、教育学院、法律学院、

---

① 王成超．我国大学城的空间模式与区域联动研究 [D]．上海：华东师范大学，2005.

艺术学院和科学学院发展为现代意义上的大学。[①]

哈佛大学整体呈带状分布，依托河流和城镇道路纵向发展，随着时间的推移，逐渐形成院落群。剑桥镇内有三条纵向空间结构，即剑河、国王大道、圣安德鲁大道，哈佛大学教学建筑在它们的两侧呈带状排列。哈佛大学的校园形成过程分为三个阶段：

第一阶段：沿剑河线形发展。剑桥镇形成期主要沿剑河东岸分布，依托水路交通从事贸易活动，大学成立后，新建校舍也延续了城镇的脉络，呈现沿剑河延续的带形结构。

第二阶段：沿国王大道的双向带形发展。随着校园向东面的纵深扩张和陆路交通的发展，在剑河东面约 200 m 处形成近似平行于剑河的国王大道，校园继续向东扩展，形成以"两条大道"为骨架的双翼建筑带。

第三阶段：以国王大道和圣安德鲁大道控制的群状发展。随着经济的发展，东面开通圣安德鲁大道作为剑桥镇交通主干道，在与国王大道之间以若干道路划分地块，大学校园继续向东纵深发展，形成密集院落组群（图 2-2）。

哈佛大学的形式与设计的演变开始于最早建成的"哈佛庭院"。哈佛大学庭院是尺度不大的种满绿树的院子，周围环绕着木栅栏，最初的设计是为了在大学区域内放牧奶牛。研究生院和专业学院都是独立的，每个单位都有象征着它们的存在的特殊形式的大门和围栏，大多数时候，人们可以自由地在校园行走，不受阻碍地进出各栋建筑。

哈佛大学的组织、管理和财务变化已经对大学的空间形态产生了一定的影响，很多情况下他们通过争取捐赠来筹集建设资金，校园形成了一个不拘一格的建筑集合，每栋建筑都为特定的学科建造。在这种模式下，大学内机构的经济独立性可以很好地履行一些学术职能，但是，如果是需要跨学科合作，那么这种分权的大学模式的组织结构、建筑空间就可能会造成一定程度的阻碍。

最早的哈佛学院基本是按照英国学院模式建设的，形成典型的三边围合院落式布局。经过 300 多年的发展，校园已横跨查尔斯河两岸，与城市紧密结合。从最初的"哈佛院"开始，校园逐渐向城市蔓延、自由发展，其后用地的规模越来越小、布局形态越来越多样，建筑空间逐渐融入周边城市。

2. 麻省理工学院的模式

1861 年，麻省理工学院在波士顿成立，创办时美国急需训练有素的技术和专业人员支持国家工业经济的增长，帮助国家从内战中恢复，并为大量从世界各国来到美国的移民提供工作机会。其次，当时社会上出现了对美国实行的传统科学技术教育的不满。这些原因促使弗吉尼亚大学的巴顿·罗杰斯（Barton Rogers）教授发起了一场创建一种新型教育机构的运动，该机构将以新的方式为工程师和科学家提供资源，以便更有效地支持工业经济。他的想法受到波士顿政府的支持，希望麻省理工学院通过设立相关教育项目培养更多的技术人员，以支持不断发展的地区和国家的新工业经济。

早期麻省理工学院所有的学科都在同一栋建筑中，这不仅是出于波士顿寒冷的冬季气候的考虑，也是为了加强各学科之间的交流与合作。在最初的 50 年里，麻省理工学院

---

① 罗伯特·西姆哈，纪绵. 为大学与时俱进的社会角色而设计——哈佛大学与麻省理工学院校园的比较分析 [J]. 时代建筑，2021（2）：36-39.

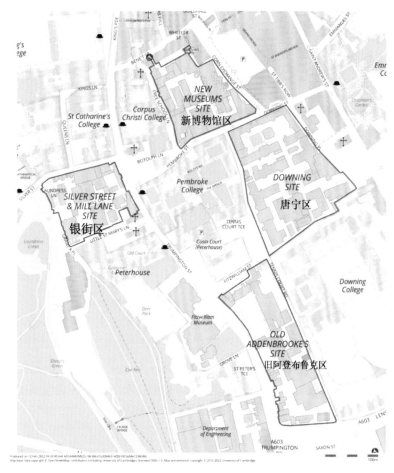

图 2-2　哈佛大学校园总平面图
来源：哈佛大学官网地图。

在波士顿发展壮大，学生数量迅速增加，校园后来发展到波士顿各处的 17 栋不同的建筑中。

1911 年，麻省理工学院决定离开波士顿市区，在河对岸的剑桥镇建设一个新的校园。新校园的规划恢复了建校之初关于教学环境的理念，把所有的学科容纳在一所巨型建筑中。麻省理工学院在所有的时间都保持开放，使这座建筑随时都充满活力。

所有的院系都集中设置在一栋庞大的"E"字形建筑中，中间围合出两个内院，其中一个内院设有海军工程实验室，而另外一个是被架空柱廊、座椅围绕的庭院（图 2-3）。集中式布局一方面节约了用地，为学校未来发展预留空间，另一方面，所有的院系都被一条内廊串联在一起，更适应波士顿地区寒冷的天气，提高了交通的效率，更重要的是，这种布局策略可以最大限度地打破各院系之间的物理边界，鼓励各院系之间更高效地沟通与合作。宽敞的"无限走廊"不但提供了更多彼此相遇的机会，还提供了更多看到其他院系正在进行的最新研究的机会，不同学科背景的人们在这里轻松地分享知识、信息与新的想法，有效提高了各学科之间知识与信息的传播效率，提升了麻省理工学院跨学科合作的潜力与知识创新的效率。

图 2-3　麻省理工学院总平面图
来源：麻省理工学院官网。

3. 比利时新鲁汶大学城的模式

在探索"校城一体化"的大学城发展方面，比利时新鲁汶大学城是一个典型案例。20世纪 70 年代，新鲁汶大学城在比利时布鲁塞尔南侧 30 km 处的一片农地中建成，校方没有选择当时较为常见的独立校园与功能分区式布局，尤其反对超大尺度的功能新城、疏离布局的高层住宅与不切实际的规划目标。[①]

大学城规划在 1968 年启动，第一期项目在 1972 年投入使用。凭借良好的可步行性、高度混合的城市与校园功能，以及富有活力的城市空间，新鲁汶已经成为布鲁塞尔周边的一座重要卫星城。[②]

1）规划策略

（1）紧凑用地

在 1000 hm² 新鲁汶大学城规划范围内，用地被划分为 350 hm² 的城市建设用地、150 hm² 的科技园区及储备用地、500 hm² 的农田与森林等生态培育用地，校园用地仅占总用地的 35%。紧凑的用地布局一方面保证了较高的建筑密度与步行可达性，另一方面也减少了建设成本及对环境的破坏。

（2）功能混合

当时政府拨款仅可用于与大学功能直接相关的建设。因此，为了实现传统大学城的校城一体化空间模式，以及更高效使用政府投资，规划者提出了一套由公共空间、教育空间、居住空间、交通空间与节点空间构成的概念空间结构，从而将更多的城市公共空间与校园设施相联系，其中，公共空间是城市空间结构的骨架与核心；教育功能与居住功能围绕着核心公共空间分布，相互交叉并向外延展；交通空间沿公共空间形成的骨架分布，避免穿越教育空间与居住空间；节点公共空间作为多个功能的衔接点，位于交通空间、公共空间、教育空间与居住空间的交接处。每一个星形结构可以通过复制与串联公共空间，实现城市

① Laconte P.Toward an Integrated Approach of Urban Development and Resources Conservation：The Case of Louvain-la-Neuve[J].Annals of the American Academy of Political and Social Science，1980，451：142-148.
② 刘铮，王世福，莫浙娟，校城一体理念下新城式大学城规划的借鉴与反思：以比利时新鲁汶大学城为例 [J].国际城市规划，2017，32（6）：108-115.

空间的拓展。

（3）可步行性设计

如何处理机动车交通带来的街道尺度与空间形态变化，以及混合交通带来的干扰，是新鲁汶大学城面对的核心问题。首先，为减少穿越式机动车交通，规划范围内仅规划两条穿行机动车道，其他与城市干道相连接的道路都采用了尽端式设计以服务出行需求。其次，集中式公共停车场、公共汽车站点与轨道交通站点作为对外交通枢纽，从而提高公共空间以及相关公共服务设施、教育设施与商业空间的交通可达性，并缓解城市中心区的交通拥堵与停车问题。再次，结合原有地形建设多层平台作为交通枢纽的空间载体。其中，地面层与两侧山坡相连接，平台上是多层办公、公寓与教育建筑，与步行活动的公共空间；地下一层与部分地下二层是可以容纳约 5000 辆机动车的公共停车场；两条穿越机动车道与轨道交通分布在地下二层，作为对外交通通道。

2）城市中心区设计

由中心区平台与大学城起步区共同构成了大学城最具活力与特色的地区，较好地体现了对欧洲传统小城镇模式与现代城市规划理念的融会贯通。在这个片区内，一条东西向长约 1 km 的线形步行公共空间构成了城市的主要发展轴线：以自然科学学院组团为起点，向西穿过科学广场（Place des Sciences）、瓦隆步行街（Rue des Wallons）、大学广场（Place de l'Université）、查理曼步行街（Rue Charlemagne）与大广场（Grand Place），最终到达社会科学学院组团以及中心区另一侧的人工湖。在这个纯步行片区内，教学办公、城市商业、居住公寓、文化娱乐以及交通设施混合分布。由于不需要考虑机动车道设计，有意地模仿中世纪城镇空间布置了曲折蜿蜒与台阶起伏的步行街道，并且在街道转折处形成了大小不一的广场作为节点空间，包括较为方正的大学广场、面积最大的大广场与六边形平面的瓦隆广场（Place des Wallons）等。在近 40 年的发展过程中，街道空间的比例、步行的连续性以及公共空间界面都被完整地保留下来。传统砌砖建筑风貌、熙熙攘攘的街道、丰富多样的商业，以及在广场中席地而坐的人们，都给这座城市带来了与众不同的活力。

经过近 40 年的发展，新鲁汶大学与新鲁汶科技园形成了良好的互补与协作关系。新鲁汶科技园已拥有 21 所研究院、150 家企业、2 所医院与近 4000 名员工。大学通过一个特别设立的委员会管理科技园，并采用人才交流、基金支持与技术转让等多种方式促进大学与企业间的合作。

2.5 深圳的大学与知识城市的互动关系

2.5.1 深圳的大学发展状况

改革开放以来，深圳作为中国改革开放的排头兵，无论是经济发展速度还是城市建设速度都处在全国前列。1983 年，深圳只有一所深圳大学，是深圳高等院校建设的开端。近年来，深圳高等教育院校数量直线上升：深圳大学城（清华国际研究生院、北大深圳研究生院、哈尔滨工业大学（深圳））、南方科技大学、香港中文大学（深圳）等。

在这个过程中，出现了不少新理念下的校园规划及优秀的当代校园建筑，例如香港中文大学（深圳）、中山大学深圳校区、北理莫斯科大学等，建筑方面例如深圳大学科技楼、建筑与规划学院院馆、师范学院 B 座教学楼、图书馆南馆等（图 2-4）。

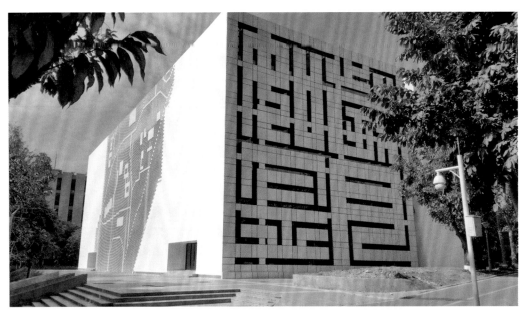

图 2-4　深圳大学档案馆实景图
来源：深圳大学官网。

现阶段深圳市高等教育发展呈现出如下特点：

首先，高等教育资源在深圳快速集聚。深圳大学、南方科技大学力求建设高水平大学；香港中文大学（深圳）在 2014 年获批招生；深圳大学城成为深圳市高层次人才及科研信息交流的重要平台；深圳职业技术学院、深圳信息职业技术学院成为应用技术型国内示范性高校。

其次，与国内外名校共建深圳校区的发展政策，得到了深圳市政府的大力支持。例如，中山大学深圳校区的高起点建设；哈尔滨工业大学深圳研究生院升级为哈尔滨工业大学（深圳），在 2016 年开始招收本科生。

最后，引进多层次的教育设施，优化深圳教育层次结构。深圳在全国首创了 10 所特色学院，用于支持重点领域的学科特色发展。例如，清华—伯克利深圳学院、深大列宾班、深圳墨尔本生命健康工程学院、深圳国际太空科技学院、哈尔滨工业大学国际设计学院等。

1. 发展阶段

高等校园的发展建设与深圳城市发展同步协调，分为以下几个发展时期。

1）起步建设期（1983—2000 年）

在改革开放成立深圳经济特区前，深圳的高等教育是一片空白。1983 年，深圳大学的成立，打开了深圳的大学校园建设的局面。建校初期校园规划总面积 1000 万 m^2，建筑面积 22 万 m^2。

深圳大学定位为文、法、理、工、商综合性本科大学，深圳大学的整体建设思想奠定了深圳大学校园建设的风格，建筑与景观紧密结合。在校园布局上，充分利用了深圳大学所在场地的特性。自由的规划布局、优美的自然环境使深圳大学成为校园规划的典范。

1993 年，深圳职业技术学院在西丽落成，完善了深圳高等教育的层次结构。深职院在校园规模上较本科大学要小一些，同时区别于深圳大学综合性大学的特性，满足了这一时期深圳市对应用型技术人才培养的需求。

2）多样发展期（2000—2011 年）

2000 年以来，政府加大对文化教育的投入，主要新建了三所高水平大学校园，深圳大学城、深圳信息职业技术学院、南方科技大学。同时在满足现有的校园建制的基础上，扩建现有校园也成为这一时期的主要目标，例如深圳大学后海校区内新建的各具特色的校园建筑、南校区的新建扩建以及深圳职业技术学院西校区、北校区的新建。

2002 年，深圳市联合清华大学、北京大学、哈尔滨工业大学在深圳西丽创建大学城。大学城的校园规划采用"一轴一心多组团"的方式，集中式建筑布局使校园排列紧凑，有较强的空间秩序感。

2002 年，深圳信息职业技术学院在深圳中学泥岗校区成立，占地面积 12.9 万 m^2。2011 年，第 26 届世界大学生运动会在深圳举办，大运会的大运村、体育馆等设施，在大运会结束后，改建作为校园学生宿舍、体育场馆使用。

3）成熟扩张期（2011 年至今）

2011 年，深圳举办的世界大学生运动会结束后，深圳信息职业技术学院新校区的启动预示着新时期复合校园发展的开端。2011 年，南方科技大学教改实验班在过渡校区开始招生，2012 年教育部批准其正式招生，2014 年一期校园正式投入使用。2014 年开工，2017 年完成一期校园建设的香港中文大学深圳校区，再次证明了深圳速度。紧随其后的深圳大学西丽校区在 2015 年开工建设。这一时期的校园建设具有共同的特点，即充分尊重原有自然景观环境，不破坏生态保护用地，大量采用台、廊、桥等手法连接空间，在保持整体风格一致的基础上凸显各校园的精神文化内涵。

2. 校园发展特点

从深圳市第一所高校——深圳大学建立至今，深圳市已经陆续建成 12 所高校，目前建成的绝大部分大学校园位于自然环境优美的南山区，少量院校位于龙岗区。大学校园选址在与城市中心区有一定距离且交通便利的区域，一方面能减少占地规模大的校园对城市中心空间资源的占用，同时避免城市中心区过多的干扰，营造安静舒适的校园环境，方便教师及行政人员的通勤。

2.5.2 案例分析：深圳大学校园规划

1. 第一阶段（1983—1994 年）

深圳大学 1983 年建校，由原清华大学校长罗征启老师及其夫人梁鸿文老师共同参与主要设计，李钰年、谢照唐等老师协助规划，规划方案充分尊重原有的地形地貌，因地制宜、高低错落地布置建筑，建筑相对密集，绿地相对集中，既有利于学生学习生活的紧凑方便，又有利于自然环境的改造利用，使得建筑和绿地、自然与人工相互衬托。校园中心区的核心组团打破以中轴为主线的设计理念，呈现不完全中心对称布置。建校早期主要建筑有演会中心（1984年）、中心建筑群（1984—1986年）、阶梯教室、文山湖宿舍区等。建筑外墙色彩浅白，很好地与周边环境相融合。

演会中心是在一个钢网架顶棚下由石砌墙体围成的半开敞自由流动空间，于1988年竣工，建筑面积4000 m²，内设固定观众座位1650座，活动席650座，打破传统的封闭式礼堂观念，可供集会、演出、展览等多种用途，造价低，曾获1991年建设部优秀建筑设计二等奖等多个奖项（图2-5）。

图2-5　深圳大学演会中心内部实景图
来源：深圳大学官网。

2. 第二阶段（1995—2005年）

1995年起，迎来了校内建筑高速建设期，北面规划了科技楼、文科楼、师范学院、建筑与规划学院等教学功能区，东北侧设置了大量的体育活动场馆及设施，并且完善校内基础设施及路网结构。本阶段的主要建筑包括学生活动中心（1996年）、师范学院综合楼（1998年）、建筑与城市规划学院院馆（2003年）、科技楼（2003年）、文科教学楼（2005年）等，并增加了西南区宿舍规模。这一阶段的校园建筑呈现出百花齐放的风格，采用见缝插针的方式，没有影响原有规划。

科技楼被定位为一座对校园整体景观有突出作用的高层建筑，屹立在校园中央，在校园北部形成了一、二期建筑以科技楼为中心环绕布置的格局。建筑采用了四周开设大尺度洞口的立方体块与中心向上生长状的玻璃塔相组合的塔楼造型，由外形为中空立方体的15层主体建筑与高耸的中央交通厅两部分组成。4个洞口跨度30 m，提供了4个空中花园平台及丰富的内部空间变化。总建筑面积45000 m²，塔楼高94.8 m，集教学、科研、实验、人才培训与学术交流于一体，2007年获得广东省优秀工程勘察设计三等奖等奖项（图2-6）。

图 2-6 科技楼实景图
来源：深圳大学官网。

建筑与城市规划学院院馆建于 2003 年，总建筑面积 12300 m^2。院馆位于深圳大学校园北门东侧，分成四个主要功能区域：教研办公区、设计院区、教学公共活动区、停车及设备房与实验室区，相互独立且通过长廊、桥、平台相通，保持着紧密的联系，2004 年获得中国建筑艺术奖（图 2-7）。

图 2-7 建筑与城市规划学院院馆实景图
来源：深圳大学官网。

3. 第三阶段（2006—2014年）

新建深圳大学南校区，除了学生宿舍与食堂外，全部为新建的教学类型功能用房。南校区地处科技园中心，用地条件紧凑、建筑密度较高，本阶段的主要建筑包括北校区师范学院教学实验综合楼（2007年），图书馆二期（由阶梯教室改建，2007年），晨景学生公寓，南区体育馆，艺术村（由深圳大学美术馆改建，2009年），西南学生公寓一、二期，南区宿舍及基础实验楼一、二期等。

4. 第四阶段（2015年至今）

现有校区已经无法满足用地需求，在南山区西丽大学城新建深圳大学西丽校区。规划面积 1.44 km²，总建筑面积 500.018 m²。位于深圳市南山区西丽与宝安区的交界处，用地西侧为环境优美的西丽高尔夫球会，东侧为南方科技大学校址，北侧为大磡村和自然山体，西南侧毗邻南开金融学院和中国科学院深圳先进技术研究院。用地内有已局部建成的居住、工业建筑。规划把自然景观与校园安全防灾设计、地域气候特征相结合，把人文历史遗迹与当代大学教育机制的创造相融合，塑造一个充满自然生机、人文诗意、绿色生态的山水校园。

2.5.3 案例分析：香港中文大学（深圳）

1. 校园与周边城市资源的整合

1）城市自然资源的整合

项目总用地划分为上园、中园、下园三个部分，总用地面积约 100.14 hm²。其中，上园和下园均为可建设用地。上园面积约 19.37 hm²，下园面积约 30.76 hm²；中园为公共绿地，面积约 50 hm²，由学校管理。基地内的水体部分包含北面湖、神仙岭水库、南面湖等。城市的优质绿化资源也集中在这里，包括大运自然公园等绿化景观资源。上园、中园、下园三个地块彼此有一定距离，但是景观相连，都可以通过该公园的公园环道连接在一起。整个校园的上园和下园实际上是跟大运公园交织在了一起，中园本身就是原先大运公园的一部分，只是现在由学校代管。上园坡度较大，南北高，中部低，西高东低。下园内现状坡度较小，植被茂盛。将本项目设计成开放式校园和共享式校园，让周边市民都能享受到城市的基础设施改善的部分，形成了这样的校园和城市公园融合的组合，通过对城市自然资源的整合，校园和城市加强了共生关系。

2）城市交通资源的整合

项目所在地为深圳市龙岗区。校园选址距离深圳福田中心区约 35 km。在本区域内，项目选址距龙岗中心城约 5 km。项目用地位于深圳市龙岗区大运中心西南侧、龙翔大道北侧。地块东、南两侧与城市主干道龙兴大道、龙翔大道相邻。盐龙大道（北通道）建成山体隧道，从基地山体穿过。沿深惠路上设有新站点，大运站（位于基地东南约 1.5 km 处）可以搭乘深圳地铁 3 号线（龙岗线），距宝安机场车程约 50 km。

3）城市公共基础设施的整合

本项目所在的深圳市龙岗区，属于新兴地区，以原始地貌为主，周边配套设施逐步配建，项目通过公共交通与周边未来龙岗新中心的城区连接，各种配建足够支撑本项目的运行。

同时，在本地域建设有大量的体育设施，包括周边的体育运动学校、大运中心、龙岗体育中心等都可加以利用。因此，学校在本项目中减少大规模的体育设施建设。

2. 校园环境与自然环境的和谐共生

校园的设计重点是教学区和生活区。教学区设计的要点在于教学区的服务对象是整个校园，是全体师生。作为一个公共的教学服务平台，功能集成度高，使用频繁；功能组织复杂，交通联系密切。从可持续设计的角度出发，结合校园实际使用情况，宜将教学区域布置在下园。下园场地北高南低，东高西低，地势较为平坦，考虑到季风和地形条件，下园建筑的主要朝向为东南方向，有利于楼体之间的通风和采光。考虑到教学区域布置的实际功能需求，教学区域宜采用较为规整的体量组合方式。

生活区的功能比较单一，带有较强的居住属性，上园区的建筑主要是围绕山体地形进行布置，以生活居住区功能为主。当地对于生活类建筑的设计需求为重视通风和遮阳，采光需求比照北方建筑相对较弱，且上园位于山地公园范围内，体量组合方式相对自由。

依据现有地形地貌，进行规划设计时候充分尊重现状，依山就势；根据本地实际情况，顺应气候对建筑的影响，设计适宜本地使用的建筑。中大的办学理念一脉相承，反映了当代教育行业对校园规划设计的时代需求。更加要适应深圳乃至龙岗地区的气候、地理、水文、历史和城市发展需求。校园文脉的延续要体现沙田校区的校园文化特征，其中包容性、多样性、书院制是典型特征（图 2-8）。

图 2-8　香港中文大学深圳校区整体校园鸟瞰图
来源：深窗综合 .2021 年香港中文大学（深圳）医学院选址龙岗详情 [EB/OL]. 深圳之窗，〔2021-03-30〕.

从鸟瞰图上不难发现，本项目实际上是被山体分隔为两个校区。因此，将其定义为上园区和下园区。其中，上园区位于山体北侧，主要功能为住宿和科研服务；下园区为集中的教学区和本科生书院（图 2-9、图 2-10）。

图 2-9　香港中文大学深圳校区集中教学区
来源：香港中文大学（深圳）官网。

图 2-10　香港中文大学深圳校区祥波书院
来源：祥波书院官网。

第 3 章

知识城市理念下大学功能构成与布局

— Knowledge city

3.1 大学功能定位及构成特点

3.1.1 功能定位原则

1 整体性原则

知识城市的局部地区应该形成相对统一完整而富有特色的功能空间。它要将大学城区域视为一个整体单元进行考虑，在这个整体单元中应具有功能结构的完整性和空间关系的连续性。整个大学应具备完整知识城市社区的功能结构。这就要求大学成为一个规模庞大、功能全面的综合型城市社区。

2. 多样性原则

多样性原则即要维持城市区域的生机和活力，就要在使用功能上进行混合，同时必须认识到各功能在混合利用之间的相互支持。在大学中应体现功能组成的多元化和丰富性。功能的多样性使大学区域功能结构有机结合，获得区域持续活力，决定着大学区域的功能内涵和空间环境品质。

3. 公共性原则

人的日常活动分为必要性活动、自发性活动和社会性活动，公共空间质量越高，则越能够在必要性活动发生的基础上激发自发性活动和社会性活动的产生。在知识城市背景下，大学的主要任务之一就是促进人们日常生活中的知识文化交流以及提升整体城市知识创新氛围，自发性和社会性活动则是促进知识文化交流和提升城市知识创新氛围的主要手段和途径。

4. 生态性原则

实现大学城可持续发展的前提是大学的生态可持续发展。要构建成为知识城市，只具备物质条件是不够的，它需要在这样的基本条件下继续构建生态系统。是否生态，是知识城市能否成功的关键因素。作为知识城市中的重要组成部分，大学是否具备生态性，也必然成为其功能定位的主要原则之一。

3.1.2 功能定位影响因素

1. 经济因素

经济因素是知识城市理念下大学功能定位的重要基础因素，它包括经济一体化和产业结构转型两个阶段。在区域经济中，知识城市由于其知识科技创新能力，处于集群经济链条的首位。所以，在促使知识城市构建的过程中，应加快其工业结构由一产和二产向三产服务业和高新技术产业的转型速度和效率，由基础产业转型为高新技术产业，从而带动区域经济发展。知识城市中，大学的功能定位应顺应这种经济趋势，作为知识科技创新的源头，应侧重相应方面的功能比重，积极促进城市区域经济产业结构转型。

2. 知识因素

知识经济已经成为主导经济发展的潮流，其通过知识的孵化、生产、推广及使用来实现经济增长并成为其主要发展方式。在这样的背景下，就使得大学城建设的主导方向，不仅仅是在生产知识上，而是更多地侧重于知识的传播和使用，如何更好地将知识资源辐射传播到城市范围内，传播到居民生活中，如何将知识成果及时有效地转化成产品，将成为知识城市背景下大学的主要任务。

3. 社会因素

社会因素主要是指公共政策以及市民生活方式两方面的影响因素。政府的公共政策是一个城市转型、更新和发展的主导因素，以及大学城优化调整的有力保障。在知识城市中，很多成功知识城市都相应地制定了政策和法规，为知识城市下的知识科技创新环境营造规范与方法。

随着知识城市构建模式的提出，三产服务业飞速发展，城市向高新技术产业的结构转型。人口构成由基础产业工人为主体转化为以高素质知识型人才为主体，以高等服务型人员为补充的模式。在大学城中，人口构成也转变为以学生和教师以及高新技术人员为主体，以服务人员为补充。人口构成的转变将直接影响人口生活方式的变化。与此同时，知识城市倡导生态可持续型的城市建设理念，也影响着人们的生活方式，进而影响整个大学城的功能定位。

3.1.3 功能定位特点

在知识城市中，大学城是知识创新辐射类公众机构，应向社会开放，将知识科技创新理念和氛围辐射到整个城市中。大学城将不仅是一个教育科技培育园区，而是将科技产业园区的人员和社区的居民吸引进校区，形成产学研管住一体化的综合型城市知识类社区。相应地，大学也较之以往存在着很大的区别，具有其特殊性。在知识城市理念下，大学应同时具备以下构成特点。

1. 大规模、多层次综合型大学城

在知识城市理念下，大学的构建不单单是一个校园或者几个校园加上一个公共核心区这么简单。单一的教学科研功能以及以教学科研为主配备零星产业的功能已经不能满足知识城市构建和发展的要求。它要求建设均衡的产业、科研、教学、居住、娱乐、管理多功能相协调的知识社区型大学城，这样就会使大学成为一个规模庞大的综合性区域。

例如，美国波士顿汇聚了包括哈佛大学、麻省理工学院等世界著名大学在内的 60 多所高校，构成了一个规模较大、智力资源高度集中的大学城，其中仅哈佛大学及麻省理工学院，其占地面积就达到了 6.3 km^2，共有人口 11 万。在这里，拥有全美国数量最多的科研机构和实验室，科研教学能力居全美首列。并且，在大学城内还配套了大量与之相关的高新技术产业园区，以及城镇化的后勤居住生活社区，无论从人口数量上，还是占地面积上，规模都较为庞大。

英国著名的牛津大学城内现有人口 10 多万，由 36 个独立的综合性学院构成；剑桥大

学城人口约 10 万, 由 31 个学院构成。由此可见, 知识城市背景下, 成功大学城较之一般大学城来说规模较大。

知识城市下大学在功能上具有多层次的特点, 教研培训功能将不占有绝对比重, 高新产业也成为大学的主要内容。产业和教学的高度结合, 快速、高效地将知识创新科技转化为产业经济资本, 使大学在知识城市中更具有活力。德国慕尼黑大学散落在城市中, 通过交通作为纽带, 与高度发达的高新技术产业相融合, 例如宝马、西门子等大量高新技术企业为学生提供实习的机会, 对慕尼黑知识城市的构建与发展, 起到了不可估量的积极作用。

2. 城镇化社区型大学城

城镇化也是知识城市背景下大学城的功能定位之一。目前, 大学城大多地处大都市圈的周边、内部或郊区。一些教育相对发达的国家和地区, 大学城则位于城镇中, 在这样的城镇中, 科研教育人员的总人数在整个城镇的人口比重中占有主导地位, 形成一个独立的城市社区。

例如牛津大学城, 它是知识城市背景下成功的大学城, 创立于 1167 年, 位于英格兰南部泰晤士河畔, 至今已有 800 多年历史。12 世纪由于英国国王亨利二世与当时主持巴黎大学的大主教发生矛盾, 致使在法国求学的英国人被驱除, 这些被驱除的人回国后, 就选择位置适中、交通便利的牛津创办了英国第一所高等学府——牛津大学。牛津大学城主要以牛津大学为核心, 占地面积 30 km²。其中, 牛津大学包含 36 个学院, 每个学院都为独立自主的教学机构, 提供学生课业及生活上的指导。牛津大学城与城市没有界限, 散落在城中, 与城市肌理融为一体, 成为世界上与城市融合最好的学院制大学城。它是城镇化知识型社区大学城的典范, 也是伦敦构建知识城市的主要条件之一。

大学城不仅仅是单一的教育及科研培训的孵化场所, 也作为一个知识科技创新的辐射区, 是一个集教育、科研培训、产业、生活、娱乐为一体的富有活力的综合型知识文化类城市社区。其让社会进一步了解、继而参与到知识科技创新氛围中, 并且帮助教育科研机构转化科研成果、展示人文创作, 增加知识型人才毕业后的就业机会, 加强他们与社会的沟通。同时, 大学城共享其知识基础资源。例如, 大学的大礼堂、运动场、剧院、会议中心、艺术馆、展览馆这些利用率并不很高的设施, 完全向外开放。而图书馆、体育馆、教学厅、餐厅、多媒体中心等, 一般利用率较高, 但在假期, 除留出时间进行必要的维修保养外, 也最大限度地对外开放。同时, 开放大学城知识类软资源, 包括各种可以传播知识的活动, 例如讲演、学术报告会、文艺节目、学术竞赛以及运动会、体育比赛等。

3. 生态可持续型大学城

知识城市理念中指出, 构建知识城市, 首先要打造生态绿色可持续的生活工作环境。知识城市中大学作为知识城市构建的主要组成部分, 生态可持续也是其主要的构建特点之一。大学系统生态型的产生依赖于对其原生资源的保护、对其次生资源的修复。知识城市构建背景下, 对大学生态可持续发展具有以下要求。

首先, 可持续发展理念要求大学建设过程中环境保护、资源利用等方面的内容, 即大学既要有教育科研发展以及社会因素发展的总体目标, 又要有保护环境、节约资源的具体措施; 既要有合理的空间安排, 又要有文化设施建设的布局; 既要有土地利用的规划, 又要有集成和发展传统特色的研究。

其次，大学应具备与自然共生共荣的自然观。大学城发展环境规划和建设的目的是为人类创造适宜的生活环境，它既包括人工环境，也包括自然环境。可持续发展的观点就是要把人类与自然和谐相处的关系，体现在人工环境和自然环境的有机结合上，充分尊重自然，体现自然环境资源的价值，重视保持生态平衡，有意识地在人工环境中增加自然的因素，将使用者的活动可能给生态环境带来的负面影响降低到最低限度。

最后，大学应当在生态可持续发展中注入动态的理念，因为大学的自然资源、生态系统都是不断变化的，科学技术、国家政策也在不断进步，所以应当使远景发展和近期建设相统一。

以普林斯顿大学为例，生态可持续目标包括以下几方面内容。

1）校园温室气体零排放

行动措施：

（1）从以天然气为燃料的校园蒸汽生产系统转变为地热交换井和热泵供暖热水系统；

（2）扩大校园太阳能发电系统；

（3）跟踪和减少关键的间接温室气体排放源；

（4）研究长期的可验证的燃料替代品，为无化石燃料的未来做出贡献；

（5）重新评估我们的温室气体排放清单，以确保所有校园排放的重要来源都包括在内；

（6）通过协调各部门的行动计划，采取有效措施，减少校园内的间接和直接温室气体排放；

（7）在关键项目中加强普林斯顿大学的气候行动目标，包括但不限于为所有学生、教职员工提供指导，校园参观，本科生预习，研究生周末访问，住宿生活和校园餐饮，竞技，聚会和其他活动；

（8）应用行为科学方法，通过项目、建筑设计和其他方法，促进广泛采用有意识的能源使用行为。

案例——普林斯顿大学的太阳能光伏电场

2012 年，普林斯顿大学安装了 4.5 MW 的太阳能光伏电场，在 27 英亩（10.926 hm²）的土地上安装了 16500 块电池板。该项目满足了近 6% 的大学全年总电力需求（图 3-1）。

图 3-1　普林斯顿大学太阳能集热场实景图
来源：普林斯顿大学官方文件。

案例——地热交换井

到目前为止，普林斯顿大学已经在校园安装了若干地源热泵系统，有助于提高效率和减少化石燃料的使用。目前的系统安装在湖畔公寓、劳伦斯公寓、刘易斯艺术综合体和校园俱乐部（图 3-2）。

案例——LED 照明改造倡议

在 2014 年至 2017 年期间，设施工程项目组和校园能源项目组进行了大规模的 LED 照明项目升级，包括 11 万个灯具和固定装置，影响了校园近 1000 万 ft²（约 92.9 万 m²）的建筑面积。用 LED 替换和回收这些数量的灯具和固定装置可以节省大约 1400 万 kW·h 的用电，减排二氧化碳排放 9690 t，并且每年可以节省 120 万美元的能源成本。

图 3-2　地源热泵系统施工图
来源：普林斯顿大学官方文件。

2）减少用水

行动措施：

（1）随着时间的推移，通过转换为可持续性更强的能源基础设施，以达到减少校园最大的用水户——普林斯顿大学中心工厂（热电联产厂）的用水量的目的（图 3-3）；

图 3-3　普林斯顿大学热电联产厂
来源：普林斯顿大学官方文件。

（2）继续评估和实施节水景观实践、管道装置和建筑系统，并让用户最大限度地发挥其有效性；

（3）在可能的情况下，规范新建筑物和重大翻新工程的双重管道安装，以方便将再生水和收集的雨水用于卫生间；

（4）持续评估再生废水技术的可行性；

（5）在关键用水部门和活动中调整校园节水目标，并继续评估与校园采购活动相关的间接用水量；

（6）在关键规划工作中强调普林斯顿大学的节水目标，包括校园设计和开发建设、景观管理和设备采购；

（7）通过鼓励地方和全州范围内的水资源保护，将行动范围扩大到普林斯顿大学以外的区域。

案例——贝德福德运动场

贝德福德运动场采用了专业的节水人造草坪，为曲棍球提供了最佳的比赛场地。与标准的人造草皮相比，比赛场地的设计是为了在更长的时间内吸收和保持水分，延续理想的比赛条件，并采取足够的排水措施以防止形成水坑。该场地还配备了水炮系统，带有八个可伸缩头，可在整个比赛场地上提供均匀的水分布。这种高效的系统可以在 6 min 内用 2000 加仑（约 7570.823 L）的水产生场地所需的条件，而旧系统每次应用则需要 12000 加仑（约 45424.941 L）的水。

3）增加加强雨水管理的面积

校园行动项目：

（1）寻找机会恢复河流走廊、湖泊边缘和湿地；

（2）通过新的建设项目和校园景观解决方案（如地下渗透、生物滞留、雨水收集、绿色屋顶、多孔路面、自然雨水处理景观、绿色基础设施走廊等），实现雨水管理目标（图 3-4）；

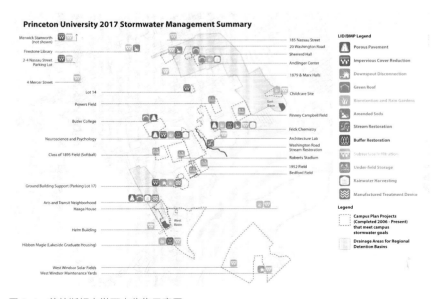

图 3-4 普林斯顿大学雨水收集示意图
来源：普林斯顿大学官方文件。

（3）实施校园雨水排放质量和数量的持续监测计划；

（4）研究将传统种植的校园土地转变为可持续种植的可行性，同时减少合成化学物质的投入；

（5）通过信息共享和与地方市政当局及流域组织的合作，将行动范围扩大到普林斯顿校园外。

案例——谢雷德大厅的绿色屋顶

2008年以来，普林斯顿大学开始在校园内推行以生态系统为基础的雨水管理措施，超过20个雨水项目——从多孔路面到绿色屋顶——已经在100英亩（40.47hm²）的校园内实施。迄今为止，这些策略已使年径流减少了约2300万加仑（约8706万L）（35%），同时改善了剩余径流的质量。

案例——弗里克化学实验室雨水花园

雨水花园保留和过滤雨水，通过鼓励雨水渗入和减少侵蚀，为当地的流域和溪流系统带来好处。2010年，弗里克化学实验室（Frick Chemistry Laboratory）的雨水花园是校园里第一个此类设施，随后普林斯顿神经科学研究所（Princeton Neuroscience Institute）、佩列茨曼—斯卡利·霍尔（Peretsman-Scully Hall）和安德林格能源与环境中心（Andlinger Center for Energy and Environment）也安装了雨水花园。此外，还计划增加一些设施，将栖息地改善和娱乐活动与雨水管理结合起来。

4）负责任地设计和开发

行动措施：

（1）对于重大项目，在可行的情况下获得第三方绿色建筑认证，相当于LEED金级或更高标准，视建筑类型而定；

（2）每两年修订一次的设计标准手册（DSM），该手册定义了系统和材料的最低建筑性能和生命周期成本评估要求；

（3）将雨水管理、地热井等分层功能整合到运动场地中，最大限度地提高土地的利用效率；

（4）通过内部"碳定价"评估分析主要的建筑系统和材料，并与安装校外绿色电力基础设施的成本进一步比较；

（5）全面地制定入住后的建筑性能评估流程，包括用户反馈；

（6）通过课程中的解说标识和体验式学习等交流活动，提高可持续建筑特征的可见度；

（7）在重点项目中强化普林斯顿的设计理念和发展目标，包括对所有新的设计团队和行政领导的介绍，以及与当地市政和非盈利团队的合作会议；

（8）扩大建筑工地土壤的就地再利用，以减少场地外运输和处理土壤的成本和环境影响。

案例——安德林格能源与环境中心

安德林格能源与环境中心于2015年10月成立，支持在可持续能源开发、节能、环境保护和修复等领域开展充满活力且不断扩大的研究和教学计划。该中心采用屋顶、雨水花园、节能照明和控制、日光收集、雨水和冷凝水收集、低流量管道装置、自行车通勤者淋浴设施等。

案例——湖畔大学研究生公寓

湖畔大学研究生公寓于2015年春季竣工，容纳了700多名研究生。该综合体不仅符合甚至超过普林斯顿的可持续设计标准，而且获得了 LEED 银质认证。步行、自行车和公共交通通过连接校园、自行车存放处和公车穿梭车站的通道得到推广。其他可持续性特征包括雨水管理、可持续材料选择、节能照明和控制、能源之星电器、地热供暖和制冷、低流量管道装置等。

5）增加汽车的替代品

行动措施：

（1）扩大交通需求管理战略，包括增加校园和区域交通服务，加强校园和区域自行车和步行基础设施建设；

（2）尽可能地追踪并减少校园可通行车辆和校车的尾气排放；

（3）鼓励学生、教职员工和专家作为顾问和研究人员，将校园作为实验地，推进交通解决方案；

（4）鼓励低碳出行习惯，推广步行、骑自行车、视频会议、车辆共享、综合出行和其他替代方式；

（5）通过与当地市政、各地交通部门和网络系统的信息共享与合作等方式，可将行动范围扩大到普林斯顿大学以外。

案例——修改行程计划

2017 年 10 月，普林斯顿大学推出了修改行程计划（Revise Your Ride，RYR）。通过步行、骑行、乘坐公共汽车或火车，或拼车的方式参与该计划的大学员工将获得经济和其他福利。RYR 显著增加了以其他方式通勤的员工数量。总的来说，2018 年的 1560 名 RYR 参与者少驾驶了约 450 万 mile（约 724 万 km），减少了近 1200 t 的碳排放。

3.2 大学功能构成要素

大学的发展应与知识城市建设协调进行，使得大学的构建和发展与知识城市功能结构的调整尤其是高新技术产业功能发展相结合，并且使大学成为知识城市发展的重要节点，形成以科研教育为基础，以发展创新型产业为主导方向，集居住、生活、生产等多种功能元素为一体的综合型城市社区。

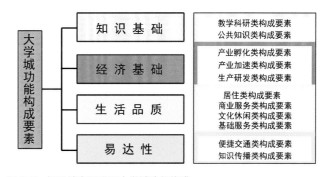

图 3-5　知识城市理念下大学城功能构成
来源：作者自绘。

基于其特点和定位，将大学的功能构成要素按其功能类型分为知识基础类构成要素、经济基础类构成要素、生活品质类构成要素及易达类构成要素等四个部分，每个部分又细分为几个类别（图 3-5）。

3.2.1 知识基础类构成要素

知识基础类构成要素主要指在大学中,以知识技术创新的培育、传播为主要目标的功能性区域,其中包括教学类、科研类和公共知识类构成要素。知识基础是大学的核心功能构成要素,在整个大学中,占有很大的比重。知识基础类功能要素的成功与否,直接影响到大学对知识城市建设和发展的积极作用。

1. 教学科研类构成要素

教学科研类构成要素是指以知识科技创新的培育、研发为主导的大学功能区构成要素。其中,大学教学类构成要素以大学城学区的实体教学机构为主,以网络虚拟教学机构为辅。大学科研类构成要素是以各学科下属相关科研机构为主的构成模式。

教学类功能单元较之大学其他功能要素来说,属于内向型功能要素,主要面向老师和大学城相关学生开放,仅在有特殊需求,如开放类讲座以及教育成果展览时才对公众开放,是大学知识基础的主体部分。科研类功能单元与城市的融合程度相对较高,特别是与经济产业的互动程度比较大,以提高知识科技成果向产业经济类成果转化的效率。

在知识城市背景下,教学科研类构成要素作为知识科技创新的主要培育和孵化机构,是大学的重要组成部分,在大学的占地面积上,占有很大的比重(表3-1)。

表3-1 世界知识城市理念下大学教学科研机构统计

大学城	教学机构	科研机构
美国硅谷	斯坦福大学、加州大学	贝尔实验室等
美国北卡三角区	杜克大学、北卡大学	林业科学院、国家环境卫生科学研究院、北卡生物技术中心
美国波士顿128公路	麻省理工学院、哈佛大学、耶鲁大学	林肯实验中心
日本筑波大学城	筑波大学	筑波空间中心、高能物流研究所等22家
新加坡科学园	国立新加坡大学、新加坡理工大学、南洋理工学院等5所	标准和工业研究所等
韩国大德大学城	韩国技术学院等3所	国家高级科学技术研究院等15所
英国剑桥大学城	剑桥大学	英国医疗研究委员会、欧洲生物信息研究所、微软研究院等

来源:作者自绘。

以美国著名知识城市波士顿的剑桥大学城为例,其创立于1209年,美丽的剑河从城中蜿蜒而过,剑河上架设着许多桥梁,其中以数学桥、格蕾桥和叹息桥最为著名。13世纪初,由于牛津大学的部分师生与当地居民发生严重冲突,被迫移居剑桥,于是创立了剑桥大学城。剑桥大学城包括哈佛大学、麻省理工学院两所知名大学,建设区占地面积6.3 km²,拥有全美国数量最多的科研机构和实验室,科研教学能力居全美首列。其科研教育类功能要素占地面积约220 hm²,约占大学总占地面积的30%,是大学占比重最大的功能构成要素。麻省理工学院的教学科研区通过地上和地下两条连廊串联，师生可以通过这些步行系统到达组团的任一功能区域，增加了交流学习的机会。

在伦敦牛津大学城中，牛津大学的各个学院组成内向型自给自足的教学科研机构单元，与城市没有界限，散落在城中，占地面积1200 hm²，约占大学城总占地面积的42%。

在荷兰乌特勒支，有乌特勒支大学等荷兰知名大学汇聚，该市拥有人口27.5万余人，学生总数达到6万人，加上教师及其服务人员共计10万人，约占总城市人口的37%。在硅谷的斯坦福大学，其学校拥有地产就达到35.6 km²。

日本东京的筑波大学城是以筑波大学作为其主体规划衍生的大学城，虽然其科研教育区占地2700 hm²，仅占到总占地面积的10%，但其他90%的面积还没有真正开发利用，筑波大学城目前科研教育构成要素在大学城实际开发使用总面积中，几乎占到了50%以上（表3-2）。

表3-2　知识城市下大学城教学科研区统计

教学、科研区	波士顿剑桥大学城	牛津大学城	筑波大学城	大德大学城
占地面积	220 hm²	1200 hm²	2700 hm²	1300 hm²
占总用地比例	30%	42%	10%	47%

来源：王爱华，张黎. 我国大学城的几种类型模式及其特点 [J]. 中国高教研究，2004〔3〕：8-17.

2. 公共知识类构成要素

大学城公共知识类构成要素主要是指大学内公共核心区城市及区域级共享的相关知识类功能要素，包括城市级共享的图书馆、展览馆、博物馆、专业类书店以及知识交流中心等。

公共知识类构成要素属于外向型功能要素，不仅服务于大学城内的学生和教师，而且面向与大学城区域以及城市范围内进行开放，促进大学城知识科技创新资源向城市范围内辐射，改善城市内部知识科技创新环境与氛围，促进知识城市的构建与发展。

在世界知名大学城中，公共知识类构成要素占有很大的比重，较之其他类别城市下大学城占有很大的优势。例如，伦敦的牛津大学城，大学城内共设立公共图书馆104所、各类书店100余所，并配备有大量展览馆和博物馆，堪称英国之最，其中最大的图书馆藏书达600万册。

美国波士顿剑桥大学城共设置了专题性图书馆15所和相关艺术中心及博览馆、展览馆。其中，哈佛大学公共图书馆藏书超过1500万册，是全美最大的学术型图书馆，规模为全球第五，麻省理工学院的图书馆藏书也达到500万册以上。

在这些大学中，这些图书馆和其他相关公共知识机构全部向城市开放，促进了伦敦和波士顿知识城市的建设与发展。

3.2.2 经济基础类构成要素

经济基础类构成要素是指大学内高新产业生产研发类构成要素，一般以大学内与教育科研区相配套的高新技术产业园为主要形式，包括产业孵化、加速类构成要素以及产业生产、研发类构成要素及其相关配套设施。常常根据其产业类型同大学相关教学科研专业直接互动、合作，加速知识科技研究成果向产业成果的转化，提高大学的内部经济活力和外部知识经济、文化辐射能力。

世界一流大学的独立实验室常常也是世界上顶尖的科研实验室，斯坦福大学、加州大学伯克利分校等为硅谷的创立和发展提供了有利的基础条件，周边地区的发展同样也会反哺大学的发展。

1. 产业孵化类构成要素

产业孵化类构成要素是一种社会经济组织，其通过提供研发、生产、场地与办公等方面的相关共享设施方面的支持，帮助创业者将相关创新技术成果及时地转型为产品投入到市场流通当中，并尽量确保其成功率。一般包括大学内高新产业园区为新生企业以及即将创业企业及人员提供的孵化空间，例如创业中心、相关创业培训机构、融资类以及各类风险保障类机构设施。

2. 产业加速类构成要素

产业加速类构成要素是指专门为支持快速成长企业而设计和运作的一个具有产业集聚效应的产业集群网络。它通过与孵化类要素中的毕业企业对接，吸引快速成长企业，并促进企业间建立有效的竞争与合作关系，形成了多样化、专业化、技术化的生产系统，具备充沛的发展动力。使该区域发展成为有利于学习和知识溢出的大环境，从而推动产业技术创新，进而促成创新型组织的集聚。

3. 生产研发类构成要素

生产研发类构成要素是指在大学中，与大学相关优势专业相配套的以高新技术为基础，以产业生产和研发为主要经济手段的相关企业的集合，一般以高新技术产业园的形式出现。生产研发类构成要素是大学城经济基础类构成要素的主体和核心，在大学中占有比较重要的地位。

3.2.3 生活品质类构成要素

生活品质类构成要素是指在知识城市构建过程中，大学中居住、休憩、娱乐、商业、文化传播以及公共基础服务设施配套等各类以参与、提升人们生活质量为核心功能的各类构成要素的集合。其主要分为居住类构成要素、商业服务类构成要素、文化休闲类构成要素以及公共基础服务类构成要素四大部分。在知识城市理念下，大学的生活品质类构成要素的重要性得到显著的提升。国外知名知识城市下，大学城的生活品质类构成要素较之其他大学城，都有着明显的优势。生活品质的健全与完善，对大学城以及知识城市的活力提升，起着极其重要的作用。

1. 居住类构成要素

居住类构成要素是指在大学内以居住生活作为其重要核心目的的功能构成要素，主要以居住区及其相关基础配套组成。在知识城市构建背景下，大学被定位为产学研一体化的知识型综合城市社区。大学内的居住类构成要素在人口构成上主要面对的人群是校区师生和高新技术产业科技人员及工作人员。知识城市理念下大学居住类构成要素与普通居民小区相区别的是知识型工作人员的特点，应考虑到他们的日常生活配套。

根据知识型工作人员的生活需求，应配备环境优质、生态的居住生活区，丰富居住区功能构成，提升居住生活区知识、文化环境氛围，吸引人才。在居住单元类型上应当以中档居住单元为主体，与大学知识型居住人群的购买能力相适宜；以高档居住单元为辅助，保证大学的人才层次水平以及消费的整体能力，以带动商业等其他部分的发展；以保障型居住单元为补充，加强对服务型人员的生活保障，使大学内部多元、多层次人群融合，保持区域人口的复杂性和多样性，实现大学城综合型发展。改变大学以学生和教学人员为主体的单一人口构成情况，提升整个大学的社会化程度和内部活力。

2. 商业服务类构成要素

知识城市理念下商业服务类构成要素是指在大学内，为教师、学生、科技人员及其家属和相关配套服务人员提供商业服务的功能机构。主要以商业综合体、商业步行街、底层商住以及零星商业构成的商业核心区和商业网络等形式出现。[①]

由大型商业综合体以及商业步行街组成的商业核心，提升了大学的活力，并进一步提升了大学城的辐射能力，成为大学城的触媒。例如英国伦敦剑桥大学城，在其知识型综合社区中，教学科研类机构的生活、商业需求都由大学城内的商业核心以及零星商业所提供。整个大学城内部商业服务类构成要素十分发达。大学城不再与世隔绝，商业服务类构成要素的繁荣使得整个大学城中充满活力，不但大学城内部人员充分利用其商业服务设施，还吸引伦敦其他地区甚至世界各地的人来这里旅游、参观和消费。使得大学城的知识创新活力和文化艺术氛围得以很好地传播到城市的各个角落，进而促进伦敦知识城市的构建和发展。

3. 文化休闲类构成要素

文化休闲类构成要素是指在知识城市理念下，大学内与市民文化交流、休闲娱乐、主题展示、生活休憩息息相关的各种文艺、科技创意类构成要素的集合，主要包括博物馆、天文台、展览馆、文化活动中心、体育馆、科技馆、音乐厅，以及各类文化、创意主题交流展示广场等公共文化艺术类休闲娱乐场所。在知识城市理念下，大学文化休闲类构成要素在促进市民知识、创意互动交流以及提升大学城整体科技、文化、创新氛围上，起着至关重要的作用。例如，巴黎左岸和巴塞罗那的文化休闲类构成要素，在提升城市知识型社区的整体文艺、科技创意氛围和内部活力上以及在两个城市构建知识城市的过程中，都起到了至关重要的作用。

4. 公共基础服务类构成要素

在知识城市理念下，大学的公共服务配套，即基础教育、医疗、市政，以及其他城市社区基层生活基础服务保障体系，较之其他区域应更加健全和完善。

---

① 许炳，徐伟. 我国大学城建设的模式及功能 [J]. 现代教育科学，2005：29-32.

3.2.4 易达性相关构成要素

在知识城市中，大学作为知识科技创新源头，为保证其与城市之间的互动联系，加强其知识科技对城市的辐射能力，在功能构成上，应具有易达性。大学城易达性相关构成要素包括便捷交通类构成要素以及知识传播类构成要素两部分。从虚拟和实体两方面，加强大学与城市之间的互动联系，提高知识创新科技向科技产业经济的转换能力。

1. 便捷交通类构成要素

在知识城市发展中，交通枢纽扮演着重要的角色，为了能够拉近大学城内部以及大学城与城市之间的距离，促进大学城内部的交流以及大学城与周边城市的互动与联系，便捷的交通系统显得尤为重要。在知识城市理念下，大学便捷交通类构成要素，主要是指车行系统、步行体系等便捷型交通、服务类相关构成要素。在知识城市紧凑增长、生态、可持续的发展理念中，在大学公共活动中为人们提供知识文化与科技创新互动交流平台的背景下，公共交通体系与步行系统的健全和完善将成为大学便捷交通类构成要素发展的重要方向。

2. 知识传播类构成要素

知识传播类构成要素主要是指大学城内打印、网络、电话以及虚拟远程学习等，在大学城以及周边城区通过计算机和网络通信设备，对图形和文字等形式的知识、科技信息及资料进行采集、存储、处理和传输等，使信息资源达到充分共享的技术，使大学城内部以及周边城区在知识、科技、文化创新等领域充分地互动和共享，从而提升和带动城市的知识、科技、文化创新氛围。

3.3 大学功能构成模式

在知识城市理念下，世界知识城市所属大学尽管都实现了产、学、研、管、住等多功能一体化，但根据其自身特点以及建设动力机制，在功能要素组成上有所侧重。大学的功能构成也存在较大的区别，形成以教育科研为主导的大学、以高新产业生产研发为主导的大学以及综合社区型大学等三种功能构成模式（表3-3）。

表3-3　知识城市中大学功能构成分类表

类型	所在知识城市——大学城名称
教育科研为主导	日本东京——筑波大学城（筑波大学及大量科研机构） 英国——曼彻斯特大学城（曼彻斯特大学） 德国——法兰克福大学城（法兰克福大学及相关科研机构） 新加坡——新加坡国立大学大学城（新加坡国立大学等） 瑞典——斯德哥尔摩大学城（斯德哥尔摩大学） 德国——慕尼黑大学城（慕尼黑大学、慕尼黑工业大学）

续表

类型	所在知识城市——大学城名称
高新产业生产研发为主导	德国——亚琛大学城（亚琛应用技术大学、亚琛工业大学） 美国——硅谷（斯坦福大学） 韩国——大德大学城（大德大学及相关科研机构）
综合社区型	美国波士顿——剑桥大学城（哈佛大学、麻省理工学院） 美国——匹斯堡大学城（匹斯堡大学、卡内基梅隆大学） 西班牙巴塞罗那——巴塞罗那大学城（巴塞罗那大学等多所大学） 荷兰——乌特勒支大学城（乌特勒支大学） 荷兰——代尔夫特大学城（代尔夫特理工大学等） 荷兰——阿姆斯特丹大学城（蒂尔堡大学、阿姆斯特丹大学） 英国伦敦——剑桥大学城（剑桥大学） 英国伦敦——牛津大学城（牛津大学） 法国巴黎——巴黎第一大学城等十余个大学城

来源：作者自绘。

3.3.1 以教育科研为主导的大学功能构成模式

1. 功能定位

以教育科研为核心的大学是指其在功能定位、构成要素规模以及未来发展方向上，都是围绕着科研教育等知识基础类功能构成要素而展开。

大学的功能定位为以教育培训、科技研发为主导，配备相关产业孵化类功能以及社区活动。在功能构成上，知识基础类构成要素占有主导作用并占有绝对比重。而其他各类型功能构成要素围绕知识基础作为其辅助服务类组成部分。大学内部拥有独立的社会化功能元素，可以满足大学内部人员日常居住、工作、休闲等功能需求，并不完全依赖于周边城区的支撑，相较其他几种大学城来说较为独立（表 3-4）。

表 3-4 以教育科研为主导的大学功能构成面积配比一览表

类型		面积配比（占地面积）
以教育科研为主导	知识基础类	> 50%
	经济基础类	15%~30%
	生活品质类	20%~30%
	易达性	< 5%

来源：作者自绘。

此类大学的主要案例包括筑波大学城、曼彻斯特大学城、德国慕尼黑大学城以及新加坡国立大学大学城等。

2. 功能链条

知识城市中，以教育科研为主导的大学功能链条，主要体现在构成较为复杂的科研、教育相关知识基础类功能要素，其衍生产业孵化、研发等经济基础类功能要素以及居住、生活、休闲娱乐等相关生活品质、交通品质类功能要素的内部功能关系以及与周边城区的关系。

在此类大学中，科研教育类功能要素分为教学类和研发类两种，在大学功能链条中处于核心位置，承载着教学、科研、实验等该类大学城的主导功能。而生活、娱乐等生活品质类功能要素主要是为了满足大学城内使用者工作、学习、生活中的绝大部分需求。相应的研发机构作为科研成果的产品转化基地，与大学相关专业对应衍生的产业进行合作。

以上几个区域是大学中联系较为紧密的区域，其中多数设施可以与城市共享，加强大学与城市之间的互动联系，并且与城市中心区有非常便捷的交通系统相联系，增强大学的活力（图3-6）。

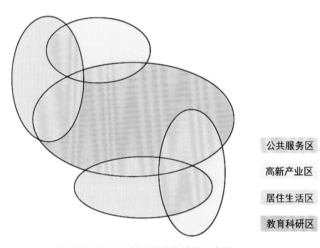

公共服务区

高新产业区

居住生活区

教育科研区

图 3-6　以教育科研为主导的大学功能结构示意图
来源：作者自绘。

3.3.2 以高新产业生产研发为主导的大学功能构成模式

1. 功能定位

以高新产业生产研发为主导的大学是指其在功能定位、构成要素规模以及未来发展方向上，都是围绕着经济基础类功能构成要素而展开。

大学的功能定位为以高新产业生产、研发为主导，以知识基础类功能构成要素的科技孵化以及知识、科技人才培育作用作为支撑，相关公共服务功能以及社区活动生活功能为基础。

在功能构成上，经济基础类构成要素具有主导作用并占有绝对比重。知识基础类构成要素作为第二大构成要素为经济基础提供知识、科技支撑。

大学以高新技术企业为主要组成要素，以大学作为其科技辐射源头，在内部拥有相对独立的社会化功能元素，可以最低限度地满足大学内部人员生活、居住、工作等功能需求，但由于其特殊性质和功能定位，其与周边城区具有良好的互动共享关系，具有一定的开放性和互动性。

此类大学的主要案例包括美国硅谷以及亚琛大学城等，其功能构成面积配比见表 3-5。

表 3-5　以高新产业生产研发为主导的大学功能构成面积配比一览表

类型		面积配比（占地面积）
以高新产业生产 研发为主导	知识基础类	25%~30%
	经济基础类	30%~40%
	生活品质类	20%~30%
	易达性	< 5%

来源：作者自绘。

2. 功能链条

知识城市中，以高新产业生产研发为主导的大学功能链条，主要表现在大学内高度集聚的高新技术产业的内部功能关系以及它与大学知识基础型功能要素之间的互动合作关系和周边的生活品质类配套的辅助作用上。

以高新产业生产研发为主导的大学，虽然其功能作用源头仍然为教育、科研机构，但是它的核心功能定位和未来发展目标却不是教育、培育知识、科技，而是通过知识、科技创新的培育，更好地为高新技术产业的建设以及知识经济的发展服务。

在大学内，在功能构成上，经济基础类功能要素无论在重要性上还是数量上都占有绝对比重。由大学产生科技辐射吸引高新产业集聚，而高新产业的集聚，形成更好的产业孵化、加速、研发及生产一体化的经济发展环境。大学由于其人员构成的复杂性以及其密集程度，单单依靠大学内的生活配套已无法满足其生活、工作、学习的需求，为了提升其活力和凝聚力，大学依赖部分周边城区的服务配套，大学作为高新科技产业的集聚地，与周边城区存在高度的科技、经济互动（图 3-7）。

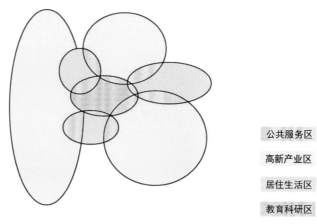

公共服务区

高新产业区

居住生活区

教育科研区

图 3-7　以高新产业生产研发为主导的大学功能结构示意
来源：作者自绘。

3.3.3 综合社区型大学功能构成模式

1. 功能定位

综合社区型大学是指其在功能定位、构成要素规模以及未来发展方向上，都呈现出一种多元化、均衡性，并融入城市社区生活中的发展模式，在知识、科技孵化、知识型人才培育以及高新产业建设的同时，十分注重社区型知识、科技文化氛围的整体提升以及对周边城区知识、文化的辐射带动作用。此类大学消除了清晰的城市界限，无论从地域上还是社区生活上都最大限度地融入城市当中。

目前世界知名知识城市所属大学中，绝大多数属于此类大学，例如美国波士顿剑桥大学城，伦敦牛津大学城、剑桥大学城，荷兰乌特勒支大学城以及西班牙巴塞罗那大学城等，其功能构成面积配比见表 3-6。

表 3-6 综合社区型大学功能构成面积配比一览表

类型		面积配比（占地面积）
综合社区型	知识基础类	30%~40%
	经济基础类	15%~20%
	生活品质类	30%~50%
	易达性	5%

来源：作者自绘。

2. 功能链条

知识城市下综合社区型大学是知识城市中最为常见的大学形式，它的功能链条主要表现在大学内知识基础、经济基础、生活品质类构成要素之间综合、均衡的多元化、融合性的功能关系。并且，综合社区型大学较之前两种类型，同周边城区的关系更为紧密，大学与城市通过各类多元化的生活、娱乐社区相融合，教育科研机构以及高新产业散落在城市区域内的各个角落，通过社区和公共开放空间相联系，并配备散落在各功能单元的服务配套和中央核心区域的大型服务综合区。整个大学没有了界限，与城市生活区完全融合在一起，形成知识型城市社区（图 3-8）。

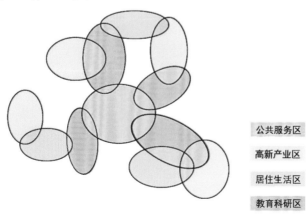

图 3-8 综合社区型大学功能结构示意图
来源：作者自绘。

3.4 大学空间区位选择

　　知识城市构建过程中，大学因为知识城市构建的需求，其空间区位从远郊重新回到了知识城市大都市区中。由于其所在城市具有的特点各不相同，根据大学本身的性质、内容、规模、侧重点等方面的差异，它所选择的发展区域与知识城市大都市区内及其邻近的周边城区之间的结合方式多种多样。根据知识城市理念下大学与周边城区在空间关系上结合的方式不同，大致可以分为边缘关系以及融合关系两种类型。其中，大学卫星城发展模式在空间区位上与知识城市主要呈现为边缘关系，大学社区类发展模式主要表现为融合关系。

3.4.1 边缘关系

　　位于周边城区的边缘地带。在知识城市中，很多高等院校往往处于城市的外围地带。一方面，其可以利用和依赖于城市完善的服务设施，并且具有质量较好的区域绿色生态环境体系，边缘位置还可以为高新技术产业的集聚发展提供足够的空间；另一方面，便捷的交通系统与良好的区位能更好地促进大学对城市的知识文化与科技创新的带动作用（图 3-9），例如美国硅谷与周边城区就属于此类空间关系（图 3-10）。

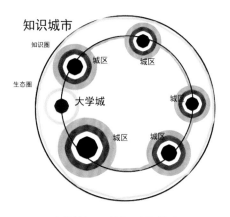

图 3-9　大学城与周边城区边缘关系
来源：作者自绘。

图 3-10　美国硅谷鸟瞰图
来源：作者自摄。

3.4.2 融合关系

　　大学处于知识城市内部，被城区所包含，此种关系最大限度地保证了大学与城市之间的知识文化与科技创新互动交流，以及城市的知识氛围提升。大学可以充分地利用城市完善的服务设施。并且，在城市发展的过程中，由于土地紧张、发展规模受限等因素的影响，大学更容易发展为发散形式的网络布局，形成与周边城区高度融合的产学研管住一体化的知识型综合城市社区。综合社区型大学与周边城市多数都属于此类关系（图 3-11），例如英国牛津大学城、剑桥大学城以及荷兰的乌特勒支大学城等与周边城区的空间关系上都属于这种类型（图 3-12）。

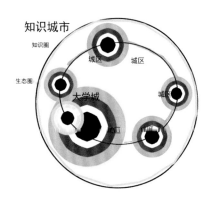

图 3-11　大学城与周边城区融合关系
来源：作者自绘。

图 3-12　乌特勒支大学城
来源：作者自摄。

3.5 大学功能布局的影响因素及其规模定位

3.5.1 功能布局影响因素

1. 大学地理条件

大学所在区域地理条件是影响大学功能布局的自然因素。大学自然地貌以及区域边界的形态是致使大学空间形态多种多样的主要原因之一。所以，在大学建设过程中，前期的地理勘察和定位尤为重要。

2. 大学功能定位

大学功能定位是影响大学功能布局的核心因素。大学侧重知识基础类功能、经济基础类功能或综合社区型功能，在功能布局上有着截然不同的形态。

3. 大学空间区位选择

大学在知识城市中的空间区位选择是影响大学功能布局的主要因素之一。大学在知识城市中，与周边城区及生活社区的关系是分离关系、边缘关系还是融合关系，直接影响到大学在其中的功能布局模式。

3.5.2 用地规模影响因素及其定位

1. 大学用地规模影响因素

1）城市规模

大学所在知识城市的规模是影响大学用地规模定位的主要影响因素。例如在新加坡，由于其占地面积只有 728.6 km²，所以，其所属大学城的面积比其他国家和城市的大学规模要小很多。相对地，美国大学占地面积相对较大，与城市的规模有着极其密切的关系。

2）人口规模

大学内部人口数量直接影响大学城用地规模。

3）功能定位

大学的功能定位特点也是其用地规模定位的主要影响因素之一。一般来说，知识社区型大学城比起其他大学城来说，规模相对较大，因为其功能要与城市社区相融合，会增强其区域规模，科研教育为主导的大学规模相对较小。

2. 大学用地规模定位

知识城市理念下，合理的用地规模选择定位及控制是实现大学科学发展的必要因素。要根据大学所在区位条件，大学规划用地范围内的地形地貌特征、环境容量，大学的功能定位、可持续发展的要求与建设管理模式，大学所在知识城市和地区的社会经济的具体情况与土地供给状况，以及当地政府的政策优惠条件等多方面因素综合分析，确定其合理的用地规模。

大学用地规模过小，难以形成较为完善的服务设施系统，会牺牲一些完整的社区应该具备的功能，造成基础设施投资的不经济，设施无法充分利用，规模效益也难以实现，不利于教职员工、科研人员及相关人员的工作与生活，造成大学缺乏整体吸引力，影响大学内部活力以及对知识城市的知识、科技创新的辐射作用，不利于大学与知识城市未来的发展。

用地规模过大，超越了其发展的客观可能性，容易造成土地的荒芜、资源的浪费以及投入的损失。同时也会因为分区距离过大，动线加长，造成效率降低和设施使用不便，增加了资源共享的实现难度，也将对大学城内部活力以及对周边城区的互动共享形成消极影响。

知识城市中，其所属大学的各个学院和相关设施都散落在城市区域内，其中夹杂居住社区、高新产业以及商业等服务设施，形成了一个综合、系统的知识型城市社区。知识城市下，著名大学的用地规模多数都控制在 10~20 km^2 左右，而其他知识城市中大学城以及知名科技产业园的用地规模也在 10~20 km^2（表 3-7）。

表 3-7　世界知名知识城市所属大学城用地规模统计表

知识城市	大学	用地规模（km^2）
伦敦	牛津大学城（牛津大学）	10~20
	剑桥大学城（剑桥大学）	10~20
波士顿	剑桥大学城（哈佛大学、麻省理工学院）	22
巴塞罗那	巴塞罗那大学城（巴塞罗那大学等）	10~15
慕尼黑	慕尼黑大学城（慕尼黑大学、慕尼黑工业大学）	15~20
东京	筑波大学城（筑波大学及大量科研机构）	28
曼彻斯特	曼彻斯特大学城（曼彻斯特大学、曼彻斯特理工大学）	20
代尔夫特	代尔夫特大学城（代尔夫特理工大学等）	5~10
乌特勒支	乌特勒支大学城（乌特勒支大学）	12

来源：作者自绘。

根据牛津大学城和剑桥大学城以及波士顿剑桥大学城等多年实践经验总结，此类用地规模的大学城的使用效果相对较好，能够最大限度地实现其内部活力和辐射活力的平衡。

3.6 国外大学城功能布局模式

知识城市中大学城根据空间形态的不同，分为核心辐射式、带状混合式、放射节点式、圈层散点式以及多核分散式等五个类型（表3-8）。

表3-8　知识城市理念下大学城功能布局模式统计

功能布局模式	知识城市理念下大学城
核心辐射式	新加坡国立大学大学城、慕尼黑大学城
带状混合式	曼彻斯特大学城、亚琛大学城、筑波大学城、法兰克福大学城
放射节点式	美国硅谷、大德大学城
圈层散点式	剑桥大学城、牛津大学城
多核分散式	剑桥大学城（波士顿）、代尔夫特大学城

来源：作者自绘。

3.6.1 核心辐射式

核心辐射式大学城功能布局模式中，大学城科研教育区处于明显的核心位置并向周边呈放射态势，其他功能区混合布置在科研教育区周围（图3-13）。

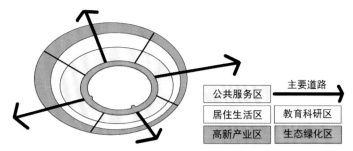

图 3-13　核心辐射式大学城功能布局示意图
来源：作者自绘。

1. 平面结构

教育科研类建筑在空间上占有较大规模比重，并处于整个大学城的核心位置。利用外围公共服务类建筑与周边居住社区以及高新产业进行共享与互动。而其他居住类建筑和高新产业类建筑以放射状分布在科研教育区的外侧，形成整个大学城的外围，例如新加坡国立大学大学城以及慕尼黑大学城，就属于此类功能布局。

2. 道路交通

以科研教育为主导的大学城在道路交通系统上，由数条主要道路以辐射状形成与周边城区联系的主要交通系统，贯穿整个大学城的主要片区。并在辐射状道路中，布置其他等级相对较低的次级道路，和外界不进行直接联系，主要满足大学城内部的交通需求。交通体系整体来说呈现出内向型布局。

3. 公共空间

核心辐射式大学城公共空间主要集中在教育科研区附近，教育科研区通过公共空间与其他功能区域相围合，形成混合空间。

典型的核心辐射式功能布局的大学城包括德国慕尼黑大学城、新加坡国立大学城等（表 3-9）。

表 3-9　核心辐射式大学城空间案例分析

大学城	平面布局	平面结构	交通道路	空间关系
新加坡国立大学大学城				
慕尼黑大学城				

来源：作者自绘。

3.6.2 带状混合式

带状混合式大学城功能布局模式中，大学科研教育区分布于主要交通轴线的两侧，呈带状分布，其他各功能区域围绕在科研教育区的两侧混合式布置（图 3-14）。

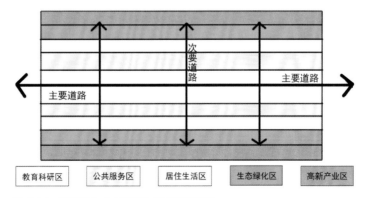

图 3-14　带状混合式大学城功能布局示意图
来源：作者自绘。

1. 平面结构

教育科研类建筑在空间上占有较大规模比重，并处于带状轴线的最内侧。公共服务类建筑为第二圈层，利用居住社区与高新产业相混合。而其他居住类建筑和高新产业类建筑以散点的方式混合在一起，形成整个大学的外圈，例如筑波大学城就属于此类功能布局（图 3-15、图 3-16）。

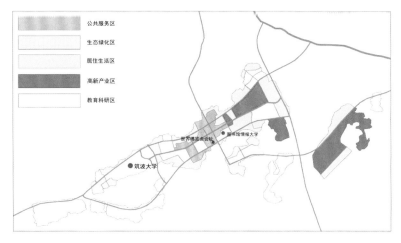

图 3-15　筑波大学城功能布局示意
来源：作者自绘。

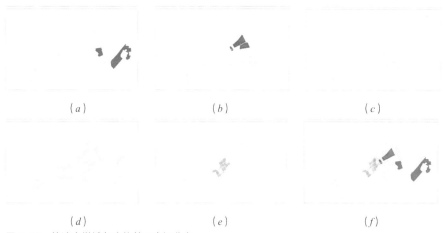

图 3-16　筑波大学城各功能单元空间分布
（a）工业区空间分布；（b）生态区空间分布；（c）教育科研区空间分布；（d）居住生活区空间分布；（e）公共服务区空间分布；（f）总体空间分布
来源：作者自绘。

2. 交通道路

以科研教育为主导的大学城在道路交通系统上，由一条或几条主要道路形成其与周边城区联系的主要交通系统，贯穿整个大学城的主要片区。而其他次级道路等级相对较低，和外界不进行直接联系，主要满足大学城内部的交通需求。交通体系整体来说呈现出内向型布局态势，体现了大学城既和周边城区相联系，又要保持其内部教育科研环境不受干扰（图 3-17）。

3. 公共空间

在公共空间分布上，其主要分为两个等级，第一等级的开放空间位于中心的公共服务区，面向整个大学城功能单元提供公共交流互动的开放空间。第二个等级的开放空间主要面向各个功能单元组团，提供各功能单元内部的互动交流、休憩娱乐空间（图3-18）。

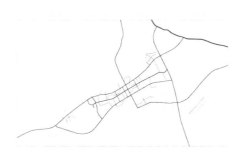

图3-17　筑波大学城交通流线图
来源：作者自绘。

图3-18　筑波大学城公共空间图
来源：作者自绘。

典型的带状混合式功能布局的大学城包括日本筑波大学城、英国曼彻斯特大学城等（表3-10）。

表3-10　带状混合式大学城空间案例分析

日本筑波大学城		
平面布局	建筑群体	交通道路

英国曼彻斯特大学城			
平面布局	建筑群体	交通道路	空间关系

来源：作者自绘。

3.6.3 放射节点式

放射节点式大学城功能布局模式中，大学科研教育区为整个区域的核心，对周边呈发射状，而周边形成若干个由居住休闲、公共基础服务及高新产业共同组成的节点。此类大学空间呈现出一种更侧重于知识经济以及高新产业生产、研发和运营的布局，其在知识城市中相对较少，硅谷就属于此类大学城。

1. 总体布局

在放射节点式大学城中，大学城侧重于高新产业的生产与研发。由于其产业的特殊性质与经济发展的需要，其与周边城区的关系处于一种非常微妙的空间关系当中，既不能融入城区中，又要和周边城区达到最大程度的联系，以促进其产业发展及相关合作交流。所以，在空间区域选择上，此类大学城与周边城区大多处于边缘关系，局部融合（图 3-19），例如硅谷就是这样的功能布局模式（图 3-20）。

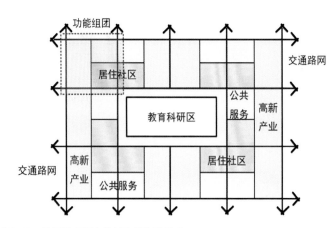

图 3-19　放射节点型大学城功能布局模式
来源：作者自绘。

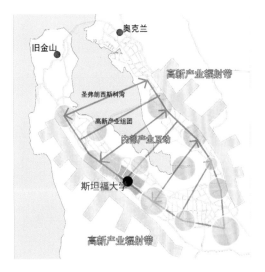

图 3-20　硅谷功能布局示意图
来源：作者自绘及自摄。

2. 平面结构

在建筑群体中，科研教育机构处于核心位置，起到科技知识研发，以及知识型人才培育输送等作用。周边围绕着以高新产业机构为核心，生活居住区和服务配套为辅助而组成的多个小型混合功能单元。在教育科研区与各个综合功能组团之间通过公共服务带连接。

3. 交通道路及公共空间
交通系统总体为外向辐射型路网，教学科研区处在核心区域，为偏内向型路网布置。

3.6.4 圈层散点式

圈层散点式大学城功能布局模式中，大学城各功能区域围绕公共服务核心，以混合功能的组团形式，呈现圈层状散点式分布（图 3-21）。

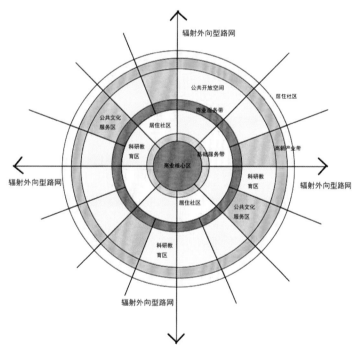

图 3-21　综合社区型大学城总体布局模式示意图
来源：作者自绘。

1. 平面结构
圈层散点式大学城空间总体布局呈圈层形态分布，并由各级道路切分成网格形态。各个功能结构单元散落在网格中，不同性质结构单元相互邻近组合，呈功能交错分布。最内环核心位置为商业核心，为整个大学城提供全面、完善的商业服务，科研教育机构、知识文化设施以及居住社区交错混合在一起，边缘由高新产业带及居住社区组成，很好地融合在城区中，例如牛津大学城功能布局（图 3-22）。

此类大学城的科研教育机构，均匀散落在整个大学城中，一定规模的教育科研机构和居住社区围绕文化服务设施，配备基础服务而形成点状小型功能组团。若干小型功能组团围绕中央核心区域配备大型商业核心区，再形成大型功能组团，进而形成大学城综合完整的空间整体布局。

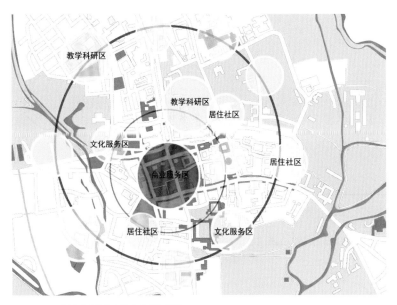

图 3-22　牛津大学城功能布局模式图
来源：作者自绘。

　　例如英国剑桥大学城，就是沿河道和道路散落式布置科研教育区以及居住社区，它们围绕文化服务设施组成了小型功能组团。而若干小型功能组团再围绕商业核心，形成了两个大型功能组团，并构建出剑桥大学城的整体空间格局（图 3-23）。

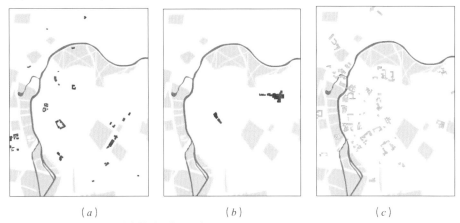

（a）　　　　　　　　　　　　（b）　　　　　　　　　　　　（c）

图 3-23　英国剑桥大学城建筑群体空间分布
（a）文化服务设施空间分布；（b）商业核心空间分布；（c）教育科研空间分布
来源：作者自绘。

　　牛津大学城同剑桥大学城如出一辙，通过科研教育区和居住社区围绕文化服务以及基础服务设施形成小型功能单元，再同中央的核心商业区，构成牛津大学城的整体功能布局（图 3-24）。

2. 交通道路
圈层散点式大学城，由于其功能定位侧重于知识社区化，在其空间区域选择上倾向于

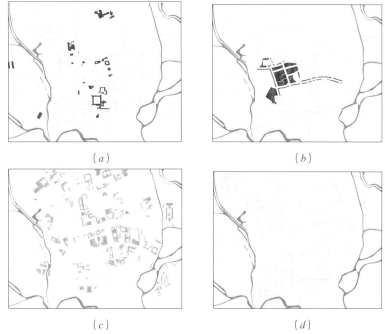

图 3-24　英国牛津大学城服务空间分布
（a）文化服务设施空间分布；（b）商业核心空间分布；（c）教育科研机构空间分布；（d）居住社区空间分布
来源：作者自绘。

与周边城区的融合关系。所以，在道路交通上，也呈现出一种与周边城区积极融合的外向
型态势，形成了外向辐射型路网布局，例如剑桥大学城与牛津大学城，其主要道路都呈现
明显的向四周城区辐射发散的形态。

3. 公共空间

大学城的公共开放空间设置在风景优美、环境生态的绿地以及水系周边，邻近每一个
功能组团，是各个组团内部空间联系以及组团间空间联系的主要纽带。人们通过在这些公
共空间休憩、娱乐而促进了组团内部以及各个组团之间的互动及交流，例如剑桥大学城与
牛津大学城。

典型的圈层散点式功能布局的大学城包括英国牛津大学城、英国剑桥大学城等
（表 3-11）。

表 3-11　圈层散点式大学城空间案例分析

大学城	平面布局	平面结构	交通道路	公共空间
英国牛津 大学城				

续表

大学城	平面布局	平面结构	交通道路	公共空间
英国剑桥 大学城				

来源：作者自绘。

3.6.5 多核分散式

多核分散式大学城功能布局模式中，科研教育区与其相邻近功能区域组成多功能混合的核心区域对周围城市社区进行辐射，在整个大学城中，不是以一个核心进行圈层辐射，也不是自由散点式排布，而是具有明显的多核心辐射的形态。

1. 平面结构

多核分散式大学城空间总体布局呈多核心形态分布。各个核心功能结构单元分开布置并分别对周边城区进行辐射，不同性质的结构单元相互邻近组合，呈功能交错分布。最内环核心位置为科研教育区，知识、科技辐射，商业服务、知识文化设施以及居住社区围绕教育科研区交错混合在一起。多个核心之间相互呼应，对城区进行辐射作用。

2. 交通道路

多核分散式大学城道路主要分为三个等级，第一等级道路与大学城周边城区直接连接，以达到与周边城区最好的融合状态，第二等级道路联系多个核心组团，其他道路则主要面向组团内部进行联系。

3. 公共空间

大学城的公共开放空间都设置在各个核心功能组团的周边以及组团与组团之间的联系纽带附近，是各个核心组团内部空间联系以及组团间空间联系的主要纽带。人们通过在这些公共空间休憩、娱乐而促进了组团内部以及各个组团之间的互动及交流，例如美国的剑桥大学城等（表3-12）。

表3-12 多核分散式大学城空间案例分析

大学城	平面布局	平面结构	交通道路	空间关系
美国剑桥 大学城				

来源：作者自绘。

第 4 章

校园交通模式

Knowledge city

大学不仅要为人们提供往返于大学各功能地块的方便条件，而且要促进大学资源共享、知识交流的实现以及文化氛围的营造，并尽可能少地影响生态环境。因此，大学交通系统不应该仅仅考虑城市交通的工程技术及运行效率，还应该从大学交通系统特征出发，更多地关注大学交通使用者的社会需要和心理影响，满足人们参加各种活动的需要。

4.1 原则

1. 交通出行工具的多元性

校园内外的交通大多包括城市轨道交通、城市公交、小汽车、校园巴士、自行车、步行。

城市轨道交通适合校园与外部城市、校园多个校区之间较远距离出行。优点是实现较远距离的校园外部通行，出行时间有保证。缺点是站点较为固定，不能直达目的地，需要换乘其他交通方式。大学内部的交通组织以步行、非机动车、公共汽车交通为主，其他机动车交通为辅，应在步行区域的外围设置足够的停车空间，减少静态和动态交通对人的活动造成的不良影响。

2. 步行交通的优先性

校园交通系统应遵循"以人为本、慢行优先"的思想。从人的需求出发提高整个校园步行交通体系的完善性和层次性，营造更有活力的校园步行环境，满足安全、高效、舒适的交通环境。哈佛大学剑桥校区内师生步行出行的特征明显，哈佛校园致力于打造更友好的步行环境，因此校园除了机动车必要出现的区域外，均不设置机动车可通行道路。此外，在人行和车行混杂的交通道路设计中，也优先考虑人行需求，为了减少机动车对于步行环境的影响，在地面停车场、停车落客区设置提示步行优先的人行道等。

3. 人车顺畅通行的安全性

校园交通系统除了要做到通行可达外，最重要的原则就是保证使用者出行的安全性。校园内部交通系统的安全隐患主要存在于各种交通混行的区域和交叉路口，因此将校园核心区改为限制机动车通行区域，在校园的其他区域，可考虑建立立体交通系统，解除城市快速过境交通和校园内部慢行交通的安全隐患。

哈佛大学在百年发展过程中已经有较成熟的路网体系，在哈佛院落式的建筑布局下，其校园内部的步行路网也呈现出更加密集、自由的特征。在哈佛校园中，步行道路网络最为密集和使用频次最高的区域为哈佛院区域。哈佛校园中丰富的步行系统一方面为校园师生和周边居民提供了便捷的步行出行方式，另一方面，丰富的步行网络结合院落式布局的建筑也加强了校内师生与建筑界面间的接触，提供了丰富的停留、休息、交流的场所（图4-1）。

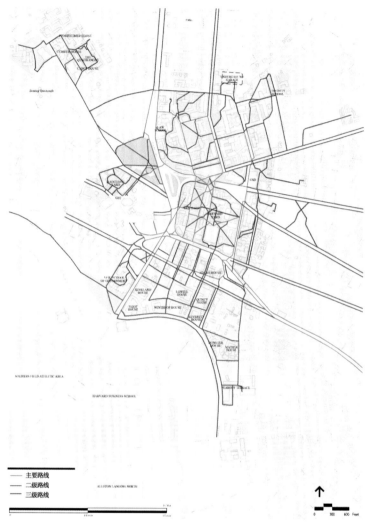

图 4-1　哈佛大学校内步行线路示意图
来源：Harvard University Cambridge Campus Transportation Guidelines：24.

4. 交通线路的景观性

　　大学的文化性体现在可感受的精神文化（如教育制度和各种文化活动）和可看见的物质文化（自然风貌、各种文化教育设施和场所），大学可以凭借其独特的文化景观成为城市旅游中心，如牛津大学和剑桥大学每年就吸引了数以百万计的世界游客，通过大学交通系统可以将各种文化场所和活动串联在一起，构成完整的旅游线路，让人们以整体的形式感受到独特的大学文化景观。

4.2 车行系统的形态类型

　　校园车行系统按照形态和组织结构可以分为：环形、树枝形、网格形、综合形。

4.2.1 环形车行系统

校园通过不同层级的环形道路组织车行交通，环形车道内部基本为步行道。环形车道的特点是车行道系统相对完整、形态顺畅、易识别，与校园的自然地形有很大关系，例如昆士兰大学、华盛顿大学等（图4-2）。

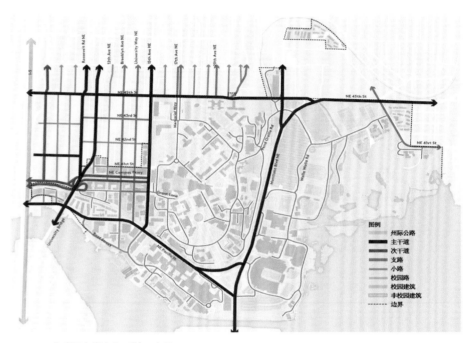

图 4-2　华盛顿大学车行系统示意图
来源：华盛顿大学官方文件。

4.2.2 树枝形车行系统

特点是校园内车行道分级明确，车流量逐级降低，减少了车行道在校园的用地面积，缺点是容易形成较多的断头路和丁字路口。采用这种路网的校园包括麻省理工学院、普林斯顿大学、弗吉尼亚大学等。

麻省理工学院位于美国马萨诸塞州剑桥市，属于大波士顿地区。剑桥是一个多元化和充满活力的城市，以其知识生活、历史和蓬勃发展的创新环境而闻名。麻省理工学院的校园坐落在中环广场和肯德尔广场之间，与波士顿后湾隔查尔斯河相望，麻省理工学院校园与城市结合紧密，相互渗透，因此校园交通系统是城市的交通系统的一部分，在城市交通系统的框架下形成校园交通体系。

由于城市布局紧凑，学生数量众多，在此处的步行者数量达到13%，远比美国同规模城市多，在这种背景下麻省理工学院的公共交通系统及慢行系统也十分完善。

整个校园基本上是被麻省大道（Massachusetts Avenue）自北向南一分为二——西侧主要为学生宿舍及生活区，东侧主要为教学与研究实验区，校园内的多个功能区块由校园内的多条干道划分形成，形成了城校交融的主要格局（图4-3）。

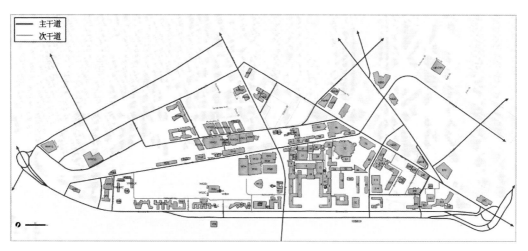

图 4-3　麻省理工学院校园周边主干道与次干道示意图
来源：麻省理工学院官网。

4.2.3 网格形车行系统

交通通行量最大，路线的选择性强，但人车互相交叉较多，对校园步行环境的干扰很大，包括哥伦比亚大学（图 4-4）、剑桥大学、多伦多大学（图 4-5）等。

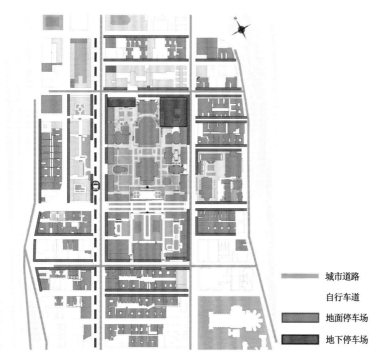

图 4-4　哥伦比亚大学车行系统示意图
来源：哥伦比亚大学官网。

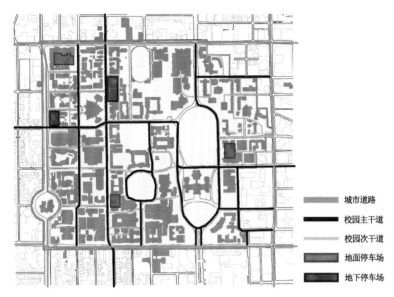

图 4-5　多伦多大学车行系统示意图
来源：多伦多大学官网。

4.2.4 综合形车行系统

　　根据校园的自然地形、周边环境等条件而形成，是一种适应性较强的车行系统，例如斯坦福大学（图4-6）、杜克大学等。

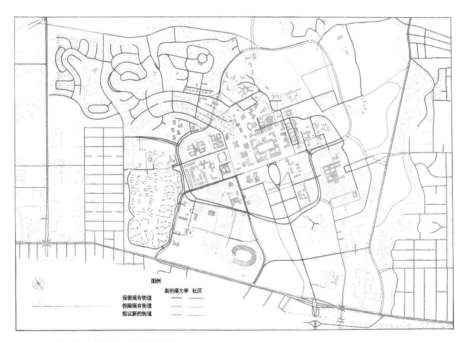

图 4-6　斯坦福大学交通系统示意图
来源：斯坦福大学官网。

4.3 自行车系统设计

4.3.1 完善和扩大自行车道网络

　　普林斯顿大学规定，为加强自行车系统的安全性，所有校园内主要道路都应设有自行车道；校园中心区的人行道将兼顾自行车道功能，除中心区外的校园其他地区，都要建立专用的自行车道，并进行统一的标识设计。

　　自行车是哈佛大学内校园交通的重要组成部分，哈佛大学采取了一系列鼓励自行车作为健康和可持续性出行方式的项目，其中包括哈佛校园内自行车骑行系统和自行车服务设施的完善。哈佛校园内的骑行道路按照校园和城市原有的路网设计，为了鼓励骑行及其他低排放的出行方式，骑行路网基本覆盖了整个校园。对于校园内骑行的道路，校园内的部分道路规划为仅供非机动车出行的道路，在部分保留机动车通行的道路上，也通过设计高差、放置障碍物和颜色区分的方式来划分自行车行驶范围；对于连接不同校区的线路以及为鼓励城市居民低碳出行，校园和城市规划了部分城市空间中的骑行道路。

　　麻省理工学院附近的紧凑布局使骑自行车成为学生与老师出行优先选择的交通方式之一。除了在主要街道上骑行外，还有大量的小径、公园和适合骑自行车的街道，使骑自行车成为高效、健康的交通工具之一，这也与麻省理工学院倡导的低碳校园不谋而合。基于以上因素，麻省理工学院内设有一套完备的自行车交通系统，除所必需的自行车道外，道路旁还设有自行车存放区、自行车修理站点、自行车洗刷设备等，最大限度地为校园内的自行车出行提供便捷条件（图 4-7）。

图 4-7　麻省理工学院自行车道及设施示意图
来源：麻省理工学院官网。

　　此外，城市内也形成了一套便捷的无障碍自行车交通系统，将自行车骑行与其他交通工具密切结合，以达到交通工具快速转换的目的。在城市内允许自行车在任何时候带上所有配备自行车架的船只和公交车，在非高峰时段，乘客可以在大多数地铁线路和通勤列车上携带自行车，这也促进了校园内自行车的使用（图 4-8）。

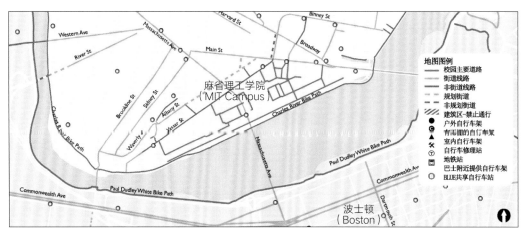

图 4-8　麻省理工学院周边自行车道示意图
来源：麻省理工学院官网。

4.3.2 增设自行车出行的辅助设施

　　专门的停放场地和设施是校园自行车交通体系的重要组成部分，一般设置在校园中心区、学生活动中心、学生宿舍区等学生经常出入的地方。普林斯顿大学为了鼓励使用自行车，设立了两个自行车服务中心，主要功能是管理自行车的停放，并提供简单的修车服务。

　　在骑行交通的辅助设施方面，哈佛大学提出了自行车停放点、校内自行车租用设施和校园自行车维修点等人性化的设施设计。在校园内几乎每一座建筑的底层或周边都配备有自行车的停放区域，校内自行车租用点和停放点较为均匀地分布在校园内各个区域的组团中（图 4-9）。

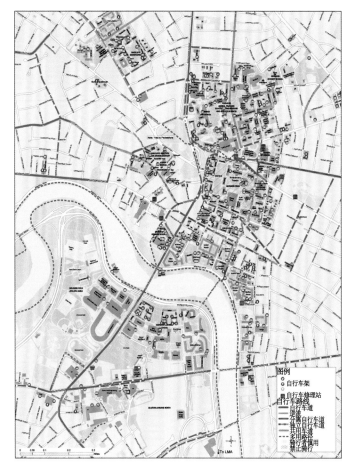

图 4-9　哈佛大学自行车路线及设施分布图
来源：哈佛大学官网。

4.4 校园巴士系统设计

4.4.1 优化校园巴士线网

　　校园公交线路覆盖校园主要区域，能够联系各停车场、生活区与教学区、科研区之间及不同校区之间的日常通勤，以保证大量开车通勤的人员方便快捷地乘坐公交车到达教学科研区。

　　麻省理工学院设置停车与交通办公室调控学院内的交通系统，为人们出行提供更多出行方式的可能性，为建设可持续校园推行了一系列的公共交通设施及慢行交通设施，人们可根据自身情况灵活地选择恰当的通勤方式在校园内出行，巴士线路包括日间班车、夜间班车（Safe Ride）、专项班车等三类。日间班车包括学术班车（Tech Shuttle）、波士顿日间班车（Boston Daytime Shuttle）、EZRide 班车。专项班车（Specialty Shuttles）分为机场班车（Airport Shuttle）、杂货店班车（The Grocery and Weekend Shuttles）、林肯实验室班车（The Lincoln Lab Shuttle）、韦尔斯利学院班车（The Wellesley College Shuttle）、M2 班车（M2 Shuttle），这些班车只在固定时段开放，只前往特定的地点或有特殊功能。

4.4.2 建立校园巴士的站点和枢纽

　　校园公交站点一般设置在教学区外围、科研区、学生宿舍区、停车场附近。以普林斯顿大学为例，尽管一些停车设施距离校园中心区较近，但仍需要设置公交站点，因为这些停车设施与校园中心区的距离超出了舒适步行范围。

　　哈佛交通公司经营校内巴士和面包车服务，在哈佛大学剑桥（Cambridge）校区和奥斯顿（Allston）校区提供安全可靠和便捷的交通服务，目前哈佛校园内有五条校内巴士线路。此外，哈佛交通公司还运营了五辆十座乘客面包车，为有特殊出行需求的个人提供随叫随到的服务，并提供工作日深夜面包车服务，以此作为穿梭巴士系统的补充，将教职员工和学生安全地运送到校园周围（图 4-10）。

4.5 步行交通系统

4.5.1 尽可能减少步行和车行的交叉

　　多伦多大学圣乔治校园主要由其可步行的街道和街区，以及一个相当全面的人行通道网络组成。行人沿着校园的城市人行道，穿过校园开放空间的通道，穿过建筑物，偶尔还会在街区中间的巷道中与服务车辆混在一起，每条巷道通常相连或相隔不远。课程表允许课间有 10 min 的休息时间。因此，保持轻松的步行距离，改善体验，使大学师生能够在这段时间内通过校园区域，是至关重要的。在规划校园的行人流线时，规划行人在 5 min 内完成 400 m。如路程这些标准界定了大学校园内的"步行可抵达区"（图 4-11）。

图 4-10　哈佛大学校内巴士路线图
来源：哈佛大学官网。

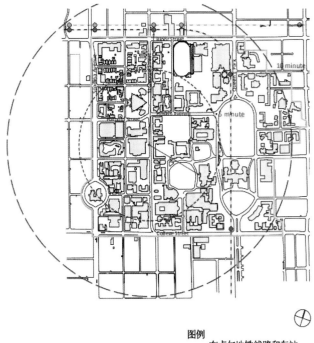

图例
　🚇　布卢尔地铁线路和车站
　🚇　大学/斯帕迪纳地铁线和车站

图 4-11　多伦多大学步行覆盖范围
来源：多伦多大学官网。

4.5.2 步行系统与校园开放空间、景观空间相结合

麻省理工学院倡导低碳校园积极推进步行出行方式，在此基础上规划了连接校院与城市的步行道，步行道连接各个公共交通节点，便于通勤中换乘各类交通工具（图 4-12）。

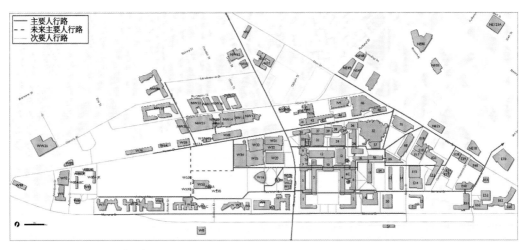

图 4-12　校园周边步行道示意图
来源：麻省理工学院官网。

4.6 停车系统

普林斯顿大学为维护校园交通秩序，针对校园停车系统，对校园现状和未来的停车需求进行了详细分析，并从停车系统的规划设置及停车管理政策、停车设施设计导则两个方面进行了规划控制。

考虑到师生、周边居民及游客的出行，哈佛大学在校园内规划了一些停车场。在空间分布上，这些停车场位于校园建筑群组团与城市交界的位置（图 4-13）。

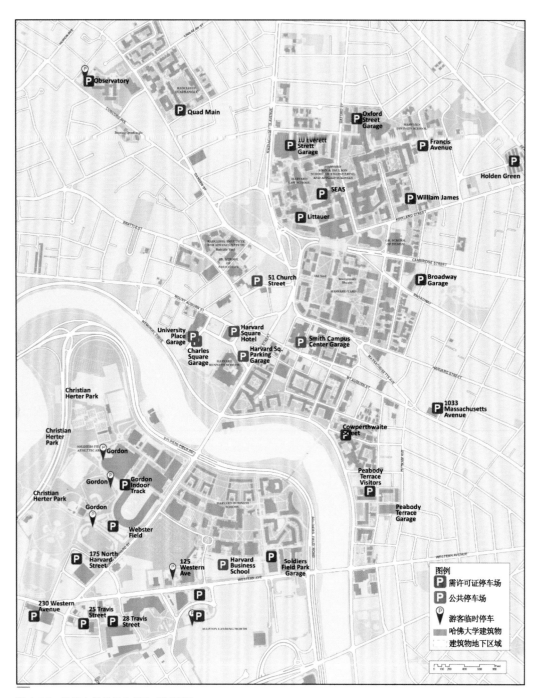

图 4-13　哈佛大学机动车停车点示意图
来源：哈佛大学官网。

第 5 章

校园景观与建筑设计

Knowledge city

大学校园景观是校园中有生命的基础设施，是兼具观赏价值、生态价值和文化价值的校园空间体系。[①]康奈尔大学是世界顶级的研究型私立大学，1865 年在美国纽约州的手指湖地区伊萨卡市建校，康奈尔大学的伊萨卡校园占地面积约 10 km^2，位于手指湖中尤卡加湖最南端的山顶上，景观视野极佳。校园中不乏原始森林、溪流，风景秀丽。在康奈尔大学伊萨卡校区 2008 年颁布的远期校园总体规划文件（2008 Cornell Master Plan for the Ithaca Campus）中，将校园的景观和开放空间系统作为非常重要的文化资产。康奈尔大学的校园景观和开放空间系统由自然开阔的郊野（the Countryside）、峡谷（the Gorges）、人工绿带（Greenways）、方庭院和绿地（Quads and Greens）、街道和步行路（Streets and Walks）、校园入口（Gateways）组成。并针对这六种景观要素划定了四个景观规划控制区，制定了各控制区的景观规划控制导则。

5.1 景观设计原则

1. 注重自然生态的原则
每所大学都有自己独特的地理条件和自然环境。在景观建设中，要充分考虑其自然优势，在此基础上突出生态主题，在充分考虑生物多样性的基础上，利用乡土植物，最大限度地降低管理和维护成本。

2. 强调人文内涵的原则
学校的社会责任和职能决定了其以人为本的特点。因此，校园绿化建设应首先满足师生物质和精神环境的需要，结合功能分区，兼顾生态需要，建设更加人性化的绿化景观。校园景观设计时既要满足人群对不同空间的需求，也需要满足个体的安全性、舒适性、领域性、私密性等心理需求。

5.2 景观构成要素

景观是指土地及土地上的空间和物体所构成的综合体。[②]景观不仅应包含静态要素，例如建筑、绿化、景观设施等，同时也应包含动态要素，如喷泉、雨雾，甚至动态的人流要素。[③]动态要素主要有：人、动物、交通工具、动态水体等。静态要素主要包括自然要素与人工要素。校园景观的自然要素主要有：森林湿地、水体、树木、绿地、地形地貌等；校园景观的人工要素主要有：轴线与广场、内院、街道、景观小品、铺装等。

---

① 涂慧君. 大学校园整体设计——规划·景观·建筑 [M]. 北京：中国建筑工业出版社，2007：44-48.
② 杨至德. 风景园林设计原理 [M].2 版. 武汉：华中科技大学出版社，2011.
③ 朱新民. 浅谈校园景观的构成形态 [J]. 山东环境，1997（6）：34.

5.2.1 自然要素

城市赖以生存的地理环境和自然景观是创造城市景观的重要因素，由于大学大多选址于自然风景优美的地区，因此，景观系统设计就应该充分认识和挖掘各种自然因素的特征和潜在的美学价值。构成大学景观的自然因素包括森林湿地、河流滨水等。

1. 森林湿地

当大学选址在丘陵、山地时，应随着地形、高差上的变化创造起伏、转折、多变的景观特征，建筑物沿地形起伏灵活布置。在陡峭的山地或峡谷，根据地形的构造特点和建筑物的功能要求进行合理建设。

2. 水体

水体分自然水体和人工水体。自然水体包括江、河、小溪、湖、海等。人工水体包括滴水、喷泉、瀑布等。自然水体气势宏伟，景观广阔，是构成大学景观特征的重要因素，滨水岸线是欣赏水景的最佳地带，设计中要处理好水体边缘、滨水步行活动场所、滨水城市活动场所、滨水绿化相互间的关系。

5.2.2 人工要素

1. 轴线与广场

历史上许多著名的大学公共空间都存在开阔的草坪。由托马斯·杰弗逊在美国弗吉尼亚大学开创的颇具象征意义的空间在世界上得到广泛的认同，大片开敞草坪与对称的古典建筑形成的空间模式和景观意向，已成为高等教育的一种象征。

以深圳大学校园为例，前庭广场为深圳大学西门入口的时光广场。广场中央设置直径35 m 的圆形草坪，周围场地环路便于车辆回转。草坪中偏北隆起一个直径为 7.5 m 的巨大日晷作装饰雕塑，赋予广场一种时空哲理感觉，取名为"时光"（图 5-1）。内广场为各方视线的聚合点，广场尺度很大，在一个直径 12 m 的圆形水池内设立一组喷泉雕塑，雕塑的结构表现中国传统文化意识，在以正南北为轴的田字形基础的 9 个交点上立柱子，柱子上由 18 根梁组成格网，托着由 36 块黑色花岗石板铺面的三层平台基座，基座的侧面和上面有代表阴阳方位的色块和图案装饰。基座中央的不锈钢支柱支承着由四个圆环按古代浑天仪结构组成的球体，以"天地人和"为主题，将大型喷泉雕塑与水池、绿化、铺地紧密结合，象征人与自然的和谐关系，体现了艺术与思想性的紧密结合。

广场是大学城中比较常见的公共空间，美国坎布里奇大学城中的哈佛广场，是由三个相互联系的节点空间形成的线型广场，位于哈佛大学校园的中心，同时也是坎布里奇大学城最繁华的城市商业中心之一，它记载了坎布里奇大学城发生发展的历史过程，由于它具有丰富的空间形态、亲切的空间尺度、多样的适用功能、浓厚的历史氛围而深受学生和市民的喜爱。

图 5-1　深圳大学日晷
来源：作者自摄。

2. 内院

内院是由实体边界围合成的空间，与广场相比，它更具有向心性和内聚性，便于形成师生休息交流的空间。内院是欧美大学校园的标志性景观，由建筑和景观围合形成的公共空间，可以容纳很多行为，包括室外的教学活动、休闲娱乐活动等。

以康奈尔大学艺术方院（Arts Quad）为例，其属封闭式方院，能为师生提供内向性的私密感，借此希望培养学术团体的凝聚力。艺术方院是康奈尔大学最初的学术相关建筑所在地，也是该学院许多课程教学的所在地，在建设初期由康奈尔和怀特决定采用四边形建筑组合围绕开放空间形成校园学术中心（图 5–2、图 5–3）。

图 5-2　艺术方院鸟瞰图
来源：体育教育研究中心 .【校队橱窗 -9】康奈尔大学 [EB/OL]. 搜狐 ,(2020-05-09).

在艺术方院的西侧，分别是莫里尔厅（Morrill Hall，1866年）、麦克雷厅（McGraw Hall，1872年）和怀特厅（White Hall，1868年）。莫里尔厅用以纪念提出1862年赠地法案的佛蒙特州参议员贾斯汀·莫里尔，其是康奈尔大学第一幢建筑物，现在是康奈尔大学当代语言及语言学系教学楼。麦克雷厅用以纪念学校创建时的董事之一麦克雷，目前是历史、考古、人类学等学科所在地。怀特厅原为康奈尔大学人文学院，后于1953年被改造用作大学艺术馆。这三座古朴典雅的建筑，采用当地的卡尤加青石（Cayuga bluestone）建造。

图5-3　艺术方院平面图
来源：康奈尔大学官网。

林肯厅（Lincoln Hall，1888年）、戈德文·史密斯厅（Goldwin Smith Hall）和卡尔克劳图书馆（Carl Kroch Library，1992年）位于艺术方院东侧。林肯厅现为音乐与戏剧系所在地（图5-4）。戈德文·史密斯厅最初是一座东西向的简陋建筑，1904年向其南部的扩建将其转变为艺术方院东侧的焦点，目前是英语、德语等语言类系别所在地。卡尔克劳图书馆是一所地下建筑，在1992年8月24日开放，位于斯迪姆森厅（Stimson Hall）和戈德文·史密斯厅之间的地下，可通过奥林图书馆（Olin Library）进入。

图5-4　林肯厅实景图
来源：人民网—国际频道，高清：美国康奈尔大学掠影【23】[EB/OL]. 人民网．(2013-06-18).

艺术方院北侧是圆顶的希布利厅（Sibley Hall）和加登厅（Tjaden Hall，1883年）。希布利厅是建筑艺术与规划学院所在地，加登厅是康奈尔大学的艺术系所在地。

斯迪姆森厅、奥林图书馆（Olin Library，1959年）和尤里斯图书馆（Uris Library，1892年），以及康奈尔大学的标志性钟楼麦格罗钟塔，位于艺术方院的南端。斯迪姆森厅以康奈尔大学医学院设立者医学博士刘易斯·A.斯迪姆森的名字命名，建筑分为三层，采用灰色石材，构成了令人愉悦的比例、简洁和柔和的外观（图5-5）。尤里斯图书馆是康奈尔大学最古老的建筑，也是校园中最受欢迎的地方。该馆是由康奈尔大学建筑系第一位学生威廉·亨利·米勒（William Henry Miller）设计的，风格是当时流行的理查德森罗马式（Richardsonian Romanesque）。厚重的石料构成的结构、对比色的运用与不同质感的石头拼接，共同营造出粗糙恢弘的视觉效果。塔、角楼、城垛等建筑元素聚集在一起，将尤里斯图书馆武装成一座城堡，康奈尔创始人怀特（A.D.White）激动地称其为"这片土地上最优秀的建筑"。

图5-5 斯迪姆森厅实景图
来源：康奈尔大学官网。

3. 街道

街道空间是校园系统的骨架，不仅将各功能串联起来，同时也是户外生活的重要空间，其连续性、步移景异的特点为使用者提供了丰富的感受。1953年，哥伦比亚大学规划将位于百老汇大街与阿姆斯特丹大道之间的116街改为步行街，成为人们休闲漫步的景观大道，从此南院校区和北院校区连成一片（图5-6）。

图 5-6　哥伦比亚大学步行街平面图
来源：哥伦比亚大学官网。

4. 景观小品

1）塔和钟楼

校园内塔和钟楼往往成为视线焦点，作为校园核心空间主轴线或次轴的对景，例如杜克大学西校区的杜克教堂钟塔、斯坦福大学的胡佛塔、耶鲁大学的哈克尼斯塔等。

康奈尔大学的麦格罗钟塔（Mcgraw Tower）于 1891 年由建筑师威廉·亨利·米勒设计，设置在同时建设的尤里斯图书馆之上。麦格罗塔楼高 173 ft（约 52.73 m），由地面至顶楼共 161 级楼梯，楼梯形式为较为狭窄的旋转式楼梯。和康奈尔大学校园的其他建筑一样，麦格罗钟塔具有古朴的风格，还保留着中世纪欧式建筑的风貌。钟塔顶部是俯瞰整个校园的最佳位置。居高临下，康奈尔大学的美景尽收眼底。近处的 Libe Slope，是大学生们享受日光浴、惬意温书的地方。每年学期末的"斜坡节"（Slope Day），全校学生必然会聚集在这里畅饮狂欢。钟塔周边有远处起伏的丘陵，宽敞的卡幽嘎河，景色秀丽，恰恰能从钟塔的四个方位以四种不同的角度来欣赏校园景致（图 5-7）。

2）连廊

连廊是联系建筑室内外的"灰空间"，在炎热气候或多雨季节，为往返教室与其他校舍间的人遮阴避雨，同时，为师生提供交流的非正式会面场所，包括地面连廊系统与空中连廊系统。

空中连廊系统是大学校园高密度发展环境下的直接产物，代表着高密度大学的地面空间在空中的延伸。高密度校园建筑布局紧凑，地面空间不足且物理环境较差，空中连廊系统可以补偿地面空间并改善步行环境，空中可以获得良好的通风和日照。另外，当地形起伏较大时，空中连廊系统在空中连接各栋建筑，满足行人的步行需求。

图 5-7　麦格罗钟塔周边实景图
来源：康奈尔大学官网。

空中连廊系统作为线性的校园外部公共空间，纵向上可以将其看作是供人们步行的垂直通道，横向上则是联系各个周边建筑功能的纽带。校园空中连廊系统阡陌纵横，对校园形成多层次的分隔与渗透。因此，空中连廊系统拓展了地面活动空间，实现了校园土地的集约利用；垂直层面上也形成人车分流，提高了校园出行的安全性。建筑之间在空中水平联系，提高了步行的通达性，从而改善了师生的出行效率。空中步行平台的开放与共享也强化了校园外部空间的社交与活动功能。

（1）独立式串联型空中连廊系统：清华大学深圳国际研究生院

清华大学深圳国际研究生院内每一个相互连接的建筑单元都是以统一的建筑风格、设计风格以及标准建成的。按照南方的气候特点由双向开敞式连廊组成的二层步行系统将各教学科研单元连成一体。这种方式的特点就是可以凸显整体空间的秩序感。这些建筑单元分布在连廊系统的两侧，一方面确保了自身的独立性与效率性，另一方面构造出了一个四面围合的半公共空间。

由于二层连廊系统的双向开敞性，使其不依托于两侧建筑的界面而独立存在。因此，在步行系统与建筑的剖面关系上形成独立式串联型立体步廊系统。独立的步廊系统产生了良好的通风效果，但也脱离了建筑的界面支持与功能支持，提高了景观价值的同时，也损失了步行空间的实用性（图5-8）。

（2）并置式串联型空中连廊系统：北京大学深圳研究生院

北京大学深圳研究生院的串联型多层步行系统联系了中央图书信息中心与学生宿舍活动区，中间穿过办公楼展示大厅、公共教育、各系科教学楼，以及中心实验楼在另一侧与信息长廊紧密并置，依附于一侧的建筑界面，从而形成多层步行系统与建筑界面并置的串联型多层步行系统。

图 5-8　清华大学深圳国际研究生院连廊系统
来源：清华大学深圳国际研究生院官网。

　　信息长廊是随主轴形态沿场地北缘展开的条状步行空间，由多个功能群组成，内含丰富的空间虚实变化。在主轴南北两侧形成若干个模块式院落，在模块内形成丰富、生动的场地。园区主体规划形成以"信息长廊"为联系骨架，与五个不同功能区域相互连接，形成基于山水、地形等自然资源环境下高度融合的多组团空间结构（图 5-9）。

图 5-9　北京大学深圳研究生院信息长廊局部实景图
来源：作者自摄。

（3）嵌入式串联型空中连廊系统：香港大学

香港大学的空中步廊系统建设不是在建校之初"自上而下"的规划结果，而是在校园使用与增扩建的过程中，一个由局部到整体的过程，也是随着时间自然发生的"自下而上"的建设结果。大学的建筑增建与大学街的延伸和完善往往是相辅相成、互利共生的关系。

由于香港大学校园南北局促、东西狭长的用地特征，大学街呈现出串联型的发展状态，但随着校园的进一步开发，串联型步廊系统也有进一步发展为网络型空中步廊系统的可能性。

3）喷泉水池

水能带给空间视觉和听觉的动感和灵气。普林斯顿大学自由之泉（Fountain of Freedom）位于普林斯顿大学斯卡德广场的中心，是威尔逊学院前的标志性雕像，由建筑师詹姆斯·菲茨杰拉德在 1966 年设计，以纪念伍德·罗威尔逊让世界持久和平的思想。

4）雕塑

雕塑是体现校园文化和校园精神的重要载体，学校的创始人、标志物、校徽等都可以成为雕塑的题材。以哥伦比亚大学洛氏图书馆阶梯前的雅典娜女神雕像为例，其高 253.8 cm，由青铜铸造，头戴皇冠，身披学袍，坐在装饰简单但庄严的王座上，王座上有两盏明灯，一盏代表智慧，一盏代表学问。她的右手拿着一根顶部放着一个缩小的国王学院原始王冠的权杖。她伸出左臂，欢迎来访者和新生来到校园。

5）标识系统

大学校园的标识系统应当进行统一的规划和设计，校园标识系统所提供的信息能够使人方便寻路，对校园交通秩序的建立和校园日常的运营管理有重要作用。良好的校园标识系统对加强校园的品牌形象、校园环境的整体印象也有着积极意义。

弗吉尼亚大学校园内的标识系统由弗吉尼亚大学建筑师办公室（The Office for the Architect）负责，其职责包括为大学外部标牌制定标准，审查与批准校内标牌以及为标牌提供设计指导。为了使大学的场地看起来像一个有凝聚力的实体，建筑师办公室于 2000 年为大学的外部标牌制定设计标准，控制标牌在颜色、布局、字体和符号上保持一致。该手册对校园内的建筑物标识、停车标识、道路标识和施工标识等外部标识提出了设计标准。

（1）标识系统色调

弗吉尼亚大学校园内标识物的主要用色延续了弗吉尼亚大学校徽的特征，采用了橙色和深蓝色以及白色为校内标识物的特征颜色，在此基础上以灰色、绿色为辅助颜色，红色通常应用在一些警示性的信息提示上。在标识物面板颜色的运用上，深蓝色通常用作校园外部标牌的面板颜色，白色通常用作标牌底部嵌板的颜色以及标牌内部字符的颜色。

（2）标识系统种类

交通指示类标识：标识手册中的交通指示类标识包括道路信息、行车方位、停车地点、停车信息以及交通指示等。

在道路信息提示、行车方位提示、停车地点提示等包含地理信息的提示上，均呈现出以深蓝色作底色，以白色的字体指示信息的特征。在一些指示大量文字信息的标牌上，则采用以白色为底，灰色作为字体颜色，并用橙色和绿色突出重要信息的设计特征。由此可见，弗吉尼亚大学校园内的标识系统间也存在一定的主次关系，深浅底色的对调和切换使得重要地点信息的标识物更加突出和易读（图 5-10、图 5-11）。

图 5-10　弗吉尼亚大学交通指示标识
来源：Exterior Signage Standards Manual the Grounds university of Virginia, April, 2000.

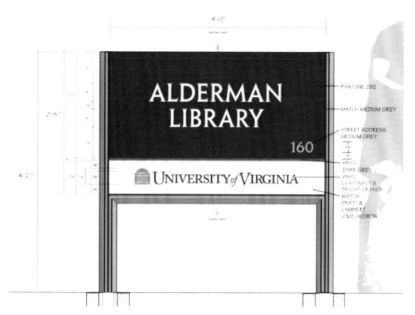

图 5-11　弗吉尼亚大学建筑定位标识
来源：Exterior Signage Standards Manual the Grounds university of Virginia, April, 2000.

为了突出标识的影响性，哈佛大学校园标识用色以深红色为主（图 5-12、图 5-13）。

图 5-12　哈佛大学建筑定位标识
来源：哈佛大学官网。

图 5-13　哈佛大学交通指示标识
来源：哈佛大学官网。

5.3 校园景观规划布局

5.3.1 国外校园景观规划布局

从空间布局的角度来看，国外校园主要分为两种模式，一种是以牛津大学、剑桥大学为主的修道院模式的传统大学校园。此类传统大学校园虽然也采用了分布式的布局方式，以学院为单位分布于城市之中，但就其建筑群而言，其校园环境依旧以古典式风格为主，沿用修道院封闭或半封闭的围合式院落模式布局。多于中间设置大面积且平整的草坪，四周由各类功能性建筑围合而成，结合其哥特式的建筑风格，校园整体给人以庄严、肃穆的感觉。

另一种是以美国哈佛大学和加州大学伯克利分校为代表的开放式大学校园。这种校园环境总体趋向是开放性的，在景观形态的构建中，不仅强调校园环境与大自然的融合与协调，而且非常重视景观环境中人与人的交流互动。

国外高校校园规划设计主要有以下几方面特点。

1）校园整体呈现开放式的管理模式

校园与社区、城市空间融为一体，没有明显的边界，无论是户外公共空间或部分功能性场所（如运动场、图书馆等）都对外开放，建设和维护管理完全实行社会化，管理效率较高，不仅服务于师生，而且服务于社区、城市，与外界联系较强。

2）校园规划设计采用因地制宜原则

国外大学校园规划设计更多的是采用不规则的自然布局模式，将开放的院落空间视作一种基本空间，基本空间中的景观绿化与景观设施等方面都显得更加自由活泼。

3）景观设计注重"以人为本"观念

国外校园景观更多的是从使用者的行为特征出发，无论是多种用途的大面积草坪还是极具互动性的唐纳喷泉，都突出了景观的可参与性，将景观效果最大化地发挥出来。

5.3.2 国内校园景观规划布局

1. 发展过程

民国时期，我国大学校园规划设计主要受美国自然式规划设计理念影响，同时结合中国古典造园手法，形成中西兼容，且强调文化景观与自然景观相和谐的规划设计风格。1919 年，燕京大学由美英多所基督教会联合创办，其校园由美国建筑师亨利·墨菲主持设计。墨菲大量借鉴了中国古典园林的建造手法，校园中的建筑全部都采用了中国古典宫殿的样式，优美的飞檐与华丽色彩的外墙，显得端庄典雅，文化气息浓厚；校园规划方面同样采用了对称式的布局模式，主轴线上是行政楼，左右两侧分别是宗教楼与图书馆，其余建筑群落也多利用建筑三面围合形成单元空间，分布于校园之中（图5-14）；从景观特点来看，燕京大学校园景观充分结合了该区域原有的山林湖泽等自然景观，其中最为典型的就是利用园中的未名湖与博雅塔，通过借景手段形成了如诗如画的校园景观——湖光塔影。

中华人民共和国成立初期，我国的校园格局大多效仿莫斯科大学的模式，以绝对的轴对称式布局为主。例如 20 世纪 50 年代的哈尔滨工业大学，完全对称的建筑一字排开，宏伟壮观，庄严肃穆，但也造成各校园布局千篇一律、缺乏特色，人性化景观设计方面仍有待加强。随着人们生态意识、开放式教育理念的不断增强，生态型、开放式等多样化的校园规划设计理念成为当前校园建设的主要指导思想。

图 5-14　第二次世界大战结束后的燕京大学校园
来源：历史图片。

2. 案例分析

澳门大学校园位于珠海市横琴半岛，校园面积 1600 余亩（约 106.667 hm^2），建筑面积约 82 万 m^2，可容纳超过一万名学生。澳门大学校园中学院制与书院制并存，学院负责学科方面的事务，书院则负责其他活动。其是一个由书院单元组合构成的校园。各个书院自成组团，每个书院是一个能同时满足同一系统师生学习、住宿、活动的多功能院落组合，不仅高效，而且组团间互动性非常强（图 5-15）。

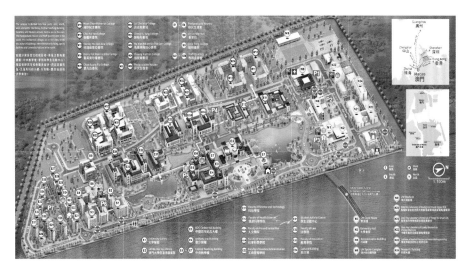

图 5-15　澳门大学校园示意图
来源：澳门大学官网。

澳门大学校园背倚葱绿的横琴山，与澳门隔十字门水道相望，通过河底隧道与土地连接，师生、访客及市民可以从澳门的河底隧道全天候进出校园，非常方便。澳门大学校园由中国工程院何镜堂院士主持设计，设计中，5 个书院组团的园林景观分别是以"仁"为主题的温馨互动的岭南庭园，寓意为共同交流、同行共建、互助互爱的仁爱花园，包括体育场馆、行政楼、文化交流中心；以"义"为主题的轻松自然的南欧庭园，寓意为师生共同生活学习、亲近互爱、其乐融融的温馨家园，包括中央商业、附属学校、教职工宿舍；以"礼"为主题的规则对称、礼仪感十足的台地花园，寓意为知书达礼，追求规律与真理，传承古今，憧憬未来的理想田园，包括法学院、教育学院、未来学院；以"知"为主题的信息化、高技化的未来花园，寓意为启迪智慧、探索古今知识与科学的智慧殿堂，包括科技学院、生命科学及健康学院；以"信"为主题的山花大树、自由浪漫的自然风景园，寓意为崇尚真、善、美，探求文化与科学精髓的浪漫天堂的含义，包括文学艺术学院、设计科学学院、工商管理学院。[①]

从校园景观设计的角度来看，澳门大学结合澳门地域性的中西方文化底蕴和横琴地区生态特色，营造了具有地域人文特色的岛屿式生态校园景观。

首先，设计师利用地块原有的溪流、湖泊、湿地、岛屿等地形地貌特征，通过将其重新组合形成了澳门大学校园的岛屿式布局结构，进而利用校园中的水体等自然要素形成多层次的生态环境系统。其次，在岛屿式布局的基础上，利用水体的延伸，以及相应水生植物等形成的绿化景观带，向各个功能组团辐射校园自然化、生态化的景观效果。最后，在建筑上结合岭南园林与南欧园林的建造手法，构建了融合中西方地域文化特色的校园景观。

5.4 建筑群体布局

5.4.1 建筑群体空间布局

目前大学具有自然发展型和规划建设型等两种发展模式。由于发展模式不同，所以大学的功能布局也存在着很大的差异。其中，欧美的大学大都是根据市场需求经过几百年的转变自然形成的，属于自然发展型模式，而其他国家包括我国在内，大都属于由政府主导开发的规划建设型大学城模式。校园整体空间布局因历史沿革、功能分区、自然地形、周边环境等影响，呈现出不同形态，可以归纳为线性式、集中式、街区式、复合式。

1. 线性式

此类大学功能布局模式是指大学在空间上呈平行带状分布结构，功能布局着重考虑公共资源共享，将大学的教学科研区、公共共享区等区域在空间上呈平行带状分布，公共共享区位于大学的中间核心区域，学生生活区以及教学科研区等相关功能单元围绕着核心公共区呈平行带状依次向外分布（图 5-16）。线性式校园空间被一条或几条清晰明确的长轴线所控制，构成校园空间结构，线性式校园的发展往往受用地限制，用地呈带状分布。例如，麻省理工学院、杭州下沙大学城西校区（图 5-17）、南京仙林大学城等。

图 5-16　平行带状模式示意图
来源：作者自绘。

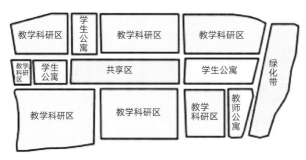

图 5-17　杭州下沙大学城西校区功能布局模式
来源：作者自绘。

案例分析：麻省理工学院（MIT，Cambridge，Massachusetts，US）

空间特点：校园用地狭长，校园所有建筑沿查尔斯河条状分布。

功能分布：西侧生活区—中部体育区—东部教学区。核心区元素：方院草坪、对景建筑、柱廊。核心区组织：教学核心区东西中轴对称，建筑围合出 T 形草坪庭院。

2. 集中式

此类大学的整体结构是向心状，大学以学生活动区为中心，大学内的科研教育机构之间的公共共享区呈轴向分布，在空间上呈现学生生活区居于中心、公共共享区呈轴向布置的模式，其中最常见的是双轴模式。而科技产业区一般集中布置在最外侧，往往靠近重要的交通干道（图 5-18）。以一个或多个核心空间经轴线串联，成为平面构图和空间序列的中心。集中式布局具有较强的内聚力、秩序感和仪式感。例如，哥伦比亚大学、莱斯大学、斯坦福大学等。

案例分析：哥伦比亚大学（Columbia University，Manhattan，New York，US）

空间轴线：南北向 443 m 的主轴线串联不同的方院，形成校园的空间形象。

轴线元素：方院草坪、对景建筑。

主轴线塑造：南北轴线串联四组建筑，与两侧教学宿舍建筑共同围合三处草坪方院。

核心区组织：校园以图书馆为核心，南北辅以草坪广场，在高密度城市建成区内部形成开敞的校园空间。

周边建筑：校园外围建筑高密度、高容积率融入城市的同时，以对景建筑面对校园核心区图书馆。

哥伦比亚大学是典型的城市型高密度、高容积率校园，尽管地处高楼林立的纽约曼哈顿，但其在核心空间上保持了传统的中央轴线与草坪组合的院落方式，高层建筑大多位于核心区外围，与纽约的高楼融为一体，核心区的建筑高度较低，且密度较低，布局疏密有致。

公共共享区位于圈层的中心层，教育科研区、学生生活区及相关产业生产研发机构以环状环绕在公共共享区周边，由圆心开始依次向外呈圈形排布，因此形成向心圈层的空间结构。圈层从内到外依次为：城市级资源共享区、大学区、城市居住区、高新技术产业区。其他如服务区、旅游休闲区等则散布在同心圆中（图 5-19）。例如目前深圳大学城的功能布局就是采用这种模式（图 5-20）。

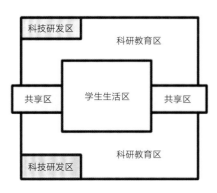

图 5-18　中心轴模式示意
来源：作者自绘。

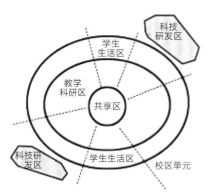

图 5-19　圈层模式示意图
来源：作者自绘。

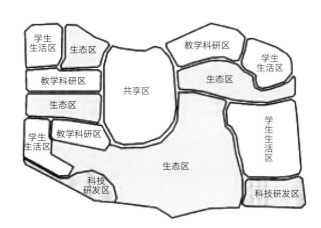

图 5-20　深圳大学城功能布局模式
来源：作者自绘。

3. 街区式

没有明确的核心或者统领式的轴线，而是由多个被城市道路分隔的大小组团构成，整体呈现出均衡、匀质的状态。空间形态形成与校园发展历史密切相关，发展开始于若干院落，后期蔓延发展。例如，剑桥大学、哈佛大学、普林斯顿大学、耶鲁大学等。

案例分析：剑桥大学（University of Cambridge，Cambridge，UK）

空间特点：校园空间成长延续剑桥镇的脉络，沿剑河、国王大道发展，最终形成了完全融入城市格局的空间构架。

功能分布：功能相对完善的独立学院。

空间元素：方院草坪、U 形围合庭院。

核心区组织：除了剑河与国王大道之间的部分校园建筑相对集中外，校园其他建筑几乎蔓延到整个剑桥镇。

案例分析：哈佛大学（Harvard University，Cambridge，Massachusetts，US）

空间特点：校园分三大领域，各领域以其周边道路和河道作为控制边界。

功能分布：生活体育功能和教学区就近布置。

空间元素：空间轴线、方院草坪、对景建筑、林荫大道。

核心区组织：从哈佛主入口开始形成三进的方院递进关系。

周边建筑：周边建筑融入城市网格，在一个或多个网格内打造各自相对独立的半开放方院空间。

外围预留区：校园在城市网路中自然蔓延生长，与城市的界面相对模糊（图5-21）。

图5-21　哈佛大学核心区建筑群鸟瞰图
来源：哈佛大学官网。

案例分析：普林斯顿大学（Princeton University，Princeton，New Jersey，US）

空间特点：校园基本是以独立建筑坐落草坪为主的美国传统建筑模式。

功能分布：中心校区的西侧为住宿区。

空间元素：方院草坪、独立式建筑。

核心区组织：以主要建筑为核心，由南北轴线和方院草坪围合空间。

周边建筑：周边建筑与北侧城市公建尺度相同，坐落于城市公共网络之中。

外围预留区：预留用地主要在卡内基湖南北两侧，现状以绿地和树林为主。

4. 复合式

规模一般较大，由多个组团构成，具有多种空间组合方式，呈现多元素、多手法、多风貌的复合形态。此类校园往往具有较长的历史，因功能需求的变化、新增土地等原因，最终形成了复合的形态。例如，弗尼吉亚大学、康奈尔大学、多伦多大学等。

案例分析：弗吉尼亚大学（University of Virginia，Charlottesville，Virginia，US）

空间特点：校园规模较大，在不同的区域综合采用集中式、网格式、街区式布局模式。

功能分布：西北和东南为教学用地，中部和西南角为生活区和体育运动区。

核心区元素：南北向长达 405 m 的轴线、方院草坪、对景建筑。

核心区组织：杰斐逊设计的学术村呈"U"字形布局，南北中轴对称，加上后来增建的院系图书馆，形成东西两侧教学楼、南北对景图书馆的草坪方院模式。

周边建筑：宿舍区与环境融合，采用自由式布局；医学院采用高密度网格布局，其他教学建筑根据用地条件采用街区式布局（图 5–22）。

图 5-22　弗吉尼亚大学核心区建筑群鸟瞰图
来源：Dan Addison 拍摄。

案例分析：康奈尔大学（Cornell University，Ithaca，New York，US）

空间轴线：校园东西向长达 1550 m 的林荫大道成为校园的轴线，其他建筑以独立组团的方式布置在南北侧。

功能分布：位于两条峡谷之间的中心校区为主要的教学功能，其他校区分布在周围，分别是宿舍区和田园实验区等。

核心区元素：一二层可以室内外连续通行的"连廊建筑"、一层连廊、二层廊桥、对景建筑。

核心区组织：核心东区以一条 480 m 的东西向"连廊建筑"串联全部南北向延展的教学功能；核心西北区则是以两栋高层结合连廊的方式串联所有教学功能。

周边建筑：周边建筑零散分布，建筑布置与核心区网格对齐。

案例分析：多伦多大学（University of Toronto，Toronto，Ontario，Canada）

空间特点：中部核心区空间开阔，包含大量绿地、广场和方院空间，西北角以低层的住区空间形式为主，其他区域以街区式、高密度网络式为主。

功能分布：校园东北角有三个独立学院，其他区域住宿区、体育区和教学区混杂。

核心区元素：南北向椭圆形大草坪、方院草坪、对景建筑。

核心区组织：椭圆形大草坪及其内部的政府机构作为核心区中心，周边其他地块都环绕布置。

塑造校园的公共空间多层次性。例如，哥伦比亚大学主校区的建筑群外部空间包括两个层次。第一层次院落空间主要由南北中轴线主要对景建筑之间形成的绿地和广场组成，是公共空间向半私密空间的过渡。第二层次院落空间主要由主轴线两侧的次要建筑围合形成，属于更私密的公共空间，尺度较小。

5.4.2 核心空间设计

1. 核心轴线式

弗吉尼亚大学是美国总统杰斐逊设计的，是美国高校历史上具有划时代意义的经典案例，它的核心轴线式布局开创了美国高校校园规划的全新时代。弗吉尼亚大学校园的主体格局为 U 形南北布局（图 5-23），整个场地处在一片山坡上，中间是一片巨大的草坪，大草坪的南向一端开敞，另一端尽头是位于北部最高处的大学主楼图书馆，草坪两侧共设置了 10 个教授馆，一边各 5 个，教授馆之间是学生生活用房。图书馆作为视觉焦点放置在轴

图 5-23　弗吉尼亚大学校园平面图
来源：弗吉尼亚大学官网。

线正中，形成以图书馆为精神中心的庄严壮观的空间感受。杰斐逊的弗吉尼亚大学校园对后来整个美国高校校园规划建设和高等教育理念都产生了深远影响。杰斐逊提出和实施的"学术村"概念，成为后来大部分美国高校校园建设的重要基础。"学术村"代表着一个相对自给自足的系统，代表了大学校园是生活、学习、社交、健身和娱乐的一体化机构，这样才能从各方面培养和教育学生。[①]

哥伦比亚大学核心空间为轴线核心布局，沿着南北方向设置中心主轴线，东西向以不同的建筑或广场空间为中心，沿轴线布置大小院落，串联核心区空间。核心区建筑群体建筑密度和容积率较高，内部疏密有致，通过提高外围容积率，控制核心区空间建筑高度。

2. 合院式

合院式是以多个建筑单体围合形成的，以庭院为核心的空间类型。

斯坦福大学核心区合院正对校园南北向主轴线，合院尺度为 300 m×230 m，适合步行。

哈佛大学核心区的合院空间位于剑桥校区的哈佛院（Harvard Yard）。哈佛院由两部分院落空间组成，西侧院落为哈佛老院，与弗吉尼亚大学核心空间相比，以哈佛老院为代表的合院式空间是美国大学校园的标志性景观（图 5-24）。

图 5-24　哈佛大学哈佛院平面图
来源：哈佛大学官网。

---

① 虞刚. 建立"学术村"——探析美国弗吉尼亚大学校园的规划和设计 [J]. 建筑与文化，2017（6）：156-158.

5.5 国外单体建筑风貌

校园建筑风貌主要体现在建筑风格、材料特征等方面。建筑风格是对建筑的立面手法、形体构成、细部处理等外观特征的整体效果，同时体现政治、社会、经济、文化、艺术等方面内容。不同的材质传达出不同的气质和精神内涵，砖石体现出谦逊亲和，混凝土体现出粗犷厚重，金属体现出科技创新，木材体现出人本生态。

5.5.1 设计原则

气候条件是影响建筑风格的主要因素，不同气候区会采用不同的建筑形式和结构，体现建筑对环境的适应性。例如雨雪量较大的地区，屋顶的坡度通常比较陡，以加快雨水排泄和防止屋顶积雪。

卡弗拉维在 1973 年设计的卡塔尔大学，位于首都多哈北部 15 km 处的一片开阔的缓坡之上。根据伊斯兰文化特点，卡塔尔大学分为男、女校区，并配套了各自的教学及辅助设施，对伊斯兰几何元素的提炼以及气候环境的思考，使校区独具特色。校园规划选用了直径 8.4 m 的正八边形为基本元素模块，每四个八边形的组合围合成的空间，作为过厅、交往空间和采光井。这种八边形不仅缩短了任何一边的日照时间，减少了炎热气候下建筑的外墙吸热，同时形成了各类教室的灵活布局。竖起的风塔既是地域特定元素，也为室内提供了清凉的空气并保持一定的湿度（图 5-25）。

图 5-25　卡塔尔大学建筑风格
来源：卡塔尔大学官网。

5.5.2 建筑风格

剑桥大学的建筑风格几乎复制了欧洲的建筑风格演变史，主要包括哥特风格、文艺复兴风格、现代主义风格等。

1. 哥特风格

1209 年，剑桥大学在剑桥边建立起来，是当时流行的哥特建筑的样式，高高低低的塔楼和两个圆心的尖券等哥特建筑的典型特征遍布整个剑桥镇。哥特建筑旨在体现对上帝的景仰，在设计中利用尖肋拱顶、飞扶壁、修长的束柱，营造出轻盈修长的飞天感觉。技术方面采用新的框架结构来增加支撑顶部的力，整个建筑形成直升的线条、雄伟的外观以及空阔的内部空间。剑桥大学早期的学院建筑都采用哥特风格，并且将这种传统保持至今。例如，国王学院的礼拜堂和圣约翰学院的大多数建筑。

国王学院的礼拜堂是剑桥哥特建筑的最重要代表，也是中世纪晚期英国建筑的重要典范。1446 年，在国王亨利六世的命令下，开始修建学院礼拜堂，耗时 80 年建设完成。国王学院的礼拜堂采用典型的哥特式手法建造，巨型的平面、高大宽阔的室内空间，彩色玻璃窗上刻画着圣经故事的场景，营造出神秘的气息（图 5-26、图 5-27）。

图 5-26　剑桥大学国王学院礼拜堂外部实景图
来源：剑桥大学官网。

图 5-27　剑桥大学国王学院礼拜堂内部实景图
来源：WEB GALLERY OF ART 官网。

普林斯顿大学燧石图书馆外墙壁采用浅色石材贴面，高耸的尖塔、尖形的拱门，体现了哥特风格的特色。

2. 文艺复兴风格

15世纪初，意大利开始了文艺复兴运动，后来传播到欧洲各地，文艺复兴建筑最显著的特征是扬弃了哥特建筑风格，重新采用古希腊、古罗马时期的柱式构图要素。1664年，雷恩设计了剑桥大学伊曼纽尔学院（Emmanuel College）的礼拜堂，这个礼拜堂是含有巴洛克手法的古典主义风格。主立面处由方壁柱及圆壁柱、断裂的山花及小钟塔构成，底层为敞廊。礼拜堂采用丁字形平面，主立面采用券柱式和巨柱式相结合的造型手法。

3. 现代主义风格

20世纪30年代初，当现代主义在世界范围内蔓延时，剑桥大学也开始接纳现代建筑。例如贾尔斯·斯科特（Giles Gilbert Scott）设计的剑桥大学图书馆，立面采用深褐色砖，对称工整。格罗皮乌斯在1950年设计完工的哈佛大学研究生中心是现代主义校园建筑的典型代表，8栋长方形大楼之间通过大小不一的庭院组合在一起，宿舍楼之间穿插着众多往来交错的天桥和连廊，充分体现了现代主义建筑追求的实用性（图5-28）。美国麻省理工学院DREYFUS楼是国际主义风格建筑（图5-29）。

图 5-28　哈佛大学研究生中心实景图
来源：哈佛大学官网。

5.5.3 设计趋势

1. 生态化设计趋势案例——新设计与环境学院四教，新加坡国立大学

这是一座零能耗建筑，即建筑物需要在其建造过程中产生和消耗一样多。另外，将该建筑作为实验室，学习和测试各种建筑技术，采用巨大的出挑屋顶，以避免房间受到阳光

图 5-29　美国麻省理工学院 DREYFUS 楼
来源：褚智勇拍摄。

直射。同时，在表面上安装 1225 个 PV 电池用于发电，营造开放的社交广场，促进社交互
动的机会（图 5-30）。

（a）　　　　　　　　　　　　　　　　　　　　　（b）

图 5-30　新加坡国立大学新设计与环境学院四教
（a）室外立面；（b）室内空间
来源：Serie Architects+Multiply Architects+Surbana Jurong.

2. 复合化设计趋势——美国麻省理工学院西蒙斯楼

复合化是指学生的住宿空间和日常需要的学习、交流、集会、阅览等综合功能整合在
同一栋建筑中，在同一栋建筑中尽可能解决使用者的所有需求，例如史蒂文·霍尔设计的
美国麻省理工学院西蒙斯楼，这栋建筑高 10 层，长 100 m，都市化的设计理念给居住在这
个公寓里面的学生提供了舒适的空间，包括 125 座的剧院和午夜咖啡厅。

5.6 国内大学校园建筑特征——以深圳为例

5.6.1 教学功能类建筑特征

1. 建筑布局方式

深圳市属于夏热冬暖气候区，夏热冬暖地区高校教学建筑由于受到气候、主导风向、场地地形的影响，形成了不同的布局类型。夏热冬暖地区的高校教学建筑布局主要包括：行列式、围合式、半围合式和集中式。

1）行列式

建筑均为"一"字形排列，建筑之间流线组织较为简单，各个建筑之间交通需要靠连廊解决，各个建筑均具有较好的朝向。例如，厦门大学本部校区、中山大学东校区、深圳大学北区、广州工业大学等。

2）围合式

建筑用地比较节约，室内外建筑空间变化比较丰富，并且建筑围合形成中庭，但是部分房间的朝向不佳，容易使东西两侧的房间受到阳光直射，舒适度降低。例如，广州外语外贸大学、海南大学等。

3）半围合式

建筑之间的空间组合十分灵活，可以形成丰富的室内外空间序列，并且由于建筑围合并不完全，因此可以将风引入到中庭内，进而使得建筑内产生穿堂风。此外，半围合式布局可以兼备行列式布局的优势，建筑内大部分房间可以南北采光，避免东西晒的影响。例如，中山大学西区、华南理工大学南校区等。

4）集中式

适用于高校建筑用地非常紧张的情况下，这种布局的优点除了节约用地以外，还缩短了建筑各个功能区域的交通流线，使得内部人员可以方便到达各个功能区，并且这种布局缩小了建筑的体形系数，在大规模使用中央空调的情况下，可以降低建筑能耗。例如，澳门大学、香港科技大学、香港城市大学等。

2. 建筑平面

1）单面走廊型

单面走廊型的教学楼由于建筑进深小，容易形成穿堂风，并且室内可以双面采光。但是该类建筑由于只有走廊一侧布置房间，因此在同样教学用房面积的情况下，交通面积所占的比例增加，建筑的用地面积也随之增加。例如，深圳大学 H12 教学楼。

2）单面走廊型

双面走廊型相比单面走廊型，由于建筑进深和建筑内隔墙增加，建筑内部通风相对较差。但是此种类型节约交通面积，布局比较紧凑。例如，哈尔滨工业大学深圳研究生院 A 栋教学楼。

3）井字形走廊型

此种平面布局空间变化丰富，在用地紧张的情况下最大限度地提高功能用房的面积，是一种比较实用的单体平面形式。但是此种类型的建筑内部的风环境欠佳。但如果建筑可以利用地形高差，使建筑沿地形错落布置，那么通风效果将有所缓解。例如，香港城市大学教学楼。

4）主街型

教学楼内部以主要的交通轴和内天井结合作为核心空间，将教学用房布置在这个核心空间周边，这种布局方式称为主街型。此种布局主街的上方一般设有采光天窗，可以使教学用房内部双面采光。例如，广东药学院教学楼。

5）鱼骨型

鱼骨型建筑平面是以一条纵向主轴空间连接许多横向的次轴空间，构成纵横交错的线型空间。这种建筑平面类型在交通方面可以使各个功能区域的交通十分便利，大大缩短了人员在各个区域之间穿行的时间，对于夏热冬暖地区经常出现的太阳辐射强烈或大风暴雨等天气，此种类型可以使人员不用经过室外空间就可以在各个功能区之间行走，提高了舒适性。例如，新加坡南洋理工大学教学楼。

3. 建筑空间组织

深圳属亚热带季风气候，白天日照充足，夏季炎热潮湿，校园建筑在空间处理上具有典型的"岭南特征"，空间组织上布局自由、开敞，注重庭院空间的营造，形成具有一定地域特征的深圳校园建筑的空间组织特点，具体如下。

1）空间架空

深圳大学建筑与城市规划学院院馆位于深圳大学校园北门东侧，院馆建筑划分为四个主要功能区域：教研办公区、设计院区、教学和公共活动区及停车、设备房与实验室区。教学、教研、设计院对应着三个明确的建筑体量，它们在平面及空间上形成了互为构成关系的体量组合。三个体量之间以敞廊、桥、平台相连，形成三个互相贯通的室外空间。这些院子、平台分别在不同的方向上向外部开敞，从外可"看穿"内部，而外围景观也总是叠加到内部的景框中（图 5-31）。[①]

图 5-31　深圳大学建筑与城市规划学院院馆
来源：深圳大学建筑与城市规划学院官网。

① 龚维敏. 超验与现实——深圳大学建筑与土木学院院馆设计 [J]. 建筑学报，2004（1）：52-57.

2）连廊系统

北京大学深圳研究生院上下两层可通行的连廊系统串联起各院系独立的教学楼，通过一条简洁的银色顶棚覆盖连廊，形成适宜的空间尺度，既可避雨，又限定了交通空间（图5-32）。

图 5-32　北京大学深圳研究生院连廊系统
来源：作者自摄。

3）多样化的庭院组织与围合方式

哈尔滨工业大学（深圳）教学科研楼在底层设置了穿行建筑的廊道，在不同的层数设置了屋顶平台，享受围合式庭院的景观（图5-33）。清华大学国际研究生院海洋中心将传统的花园式景观立体地呈现在空间中，这些连续的立体庭院，不仅将绿化从地面延伸至屋顶，而且保证了各个不同功能层面的独立性（图5-34）。

4. 建筑立面形态

在建筑形态上，普遍采用纯净明快的体量，注重体块的穿插、咬合、重叠。形体的错动变化形成丰富的阴影空间。

用于交通及疏散的楼梯空间大多悬挂在建筑外侧，丰富建筑形体，例如深圳大学师范学院教学楼，整个楼梯间成为建筑制高点，简洁的白色墙体与素雅的栏杆扶手以及开敞的楼梯空间形成鲜明的对比（图5-35）。

建筑形态上产生丰富的实虚对比，立面出檐深远，产生丰富的立面效果以及光影变化，同时改善室内风环境。例如，南方科技大学图书馆。

图 5-33　哈尔滨工业大学（深圳）连廊系统
来源：作者自摄。

图 5-34　清华大学国际研究生院海洋中心立体庭院
来源：作者自摄。

图 5-35　深圳大学师范学院教学楼外观
来源：深圳大学建筑设计研究院，覃力建筑工作室。

5. 建筑材料运用

1）白色涂料为主要材料

采用适应南方气候的浅色调的素混凝土白色墙面，便于整个校园风格的统一。

2）室内空间采用丰富活泼的建筑色彩

局部空间采用丰富活泼的建筑色彩。例如，南方科技大学王林恩图书馆。

3）新型材料的多样化运用

北京大学国际法学院的立面大量采用青灰色面砖贴面，在出入口采用大面积的深色玻璃，突出形态上的虚实对比（图 5-36）。

图 5-36　北京大学国际法学院外观
来源：作者自摄。

5.6.2 学生宿舍类建筑特征

1. 生活区功能布局

学生生活区的功能主要包括：学生宿舍、学生食堂、学生活动中心、学生服务设施、运动场地等。学生宿舍是学生生活区的核心。

按照宿舍区与食堂的功能布局关系，分为五种类型。

1）U 字型

宿舍楼围合食堂，形成 U 字型布局。食堂位于区域核心，有助于减少交通路径。例如，深圳大学斋区学生生活区（图 5-37）。

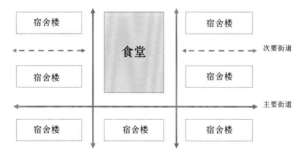

图 5-37　U 字型功能布局示意图——深圳大学斋区学生生活区
来源：作者自绘。

2）L 字型

宿舍楼围合食堂，形成 L 字型布局。将食堂设在生活区一侧，增加了步行距离，易形成学生生活性街道，提升生活区人气。例如，深圳大学西南区学生生活区（图 5-38）。

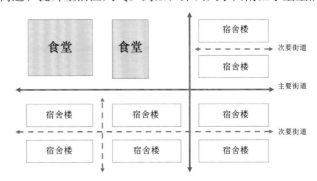

图 5-38　L 字型功能布局示意图——深圳大学西南区学生生活区
来源：作者自绘。

3）串联型

食堂位于生活区和教学区之间，串联两个功能分区，增强教学区资源的使用效率，步行交通路径与景观结合，有助于空间环境提升。例如，南方科技大学湖畔书院学生生活区（图 5-39）。

4）并联型

食堂与宿舍区平行布置，形成生活性主要街道与次要街道。动静关系合理，步行距离适中，结合景观，易形成有层次性的居住环境。例如，深圳大学城北京大学学生生活区（图 5-40）。

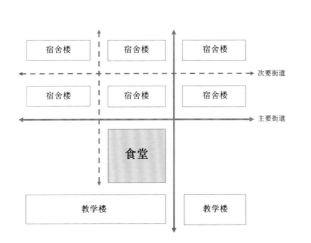

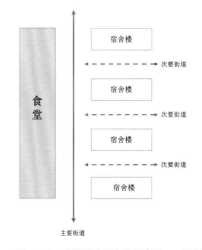

图 5-39　串联型功能布局示意图——南方科技大学湖畔书院学生生活区
来源：作者自绘。

图 5-40　串联型功能布局示意图——深圳大学城北京大学学生生活区
来源：作者自绘。

5）综合型

生活区所有功能集约布置在一栋整体的建筑空间内部，集约一体化组合有助于解决土地紧张问题，一站式生活服务配套方便日常使用，有助于增强学生之间的相互交流。例如，香港理工大学何文田学生宿舍楼。

2. 建筑单体平面布局
按照宿舍平面布局，分为通廊式宿舍和单元式宿舍。

1）通廊式宿舍
通廊式宿舍按照走廊布局的相对位置，进一步分为内廊式宿舍、外廊式宿舍以及内外廊结合的宿舍。

（1）内廊式宿舍

平面紧凑、空间利用率高，但是廊道采光、通风效果欠佳，南北方地区均可适用。例如，深圳大学风槐斋学生宿舍。

（2）外廊式宿舍

采光、通风效果好，居住舒适性较好，空间视野好，适用于南方夏热冬暖地区。例如，华南理工大学西六学生宿舍。

（3）内外廊结合的宿舍

兼顾舒适性与经济性，适用于南方夏热冬暖地区。例如，深圳大学乔梧阁学生宿舍。

2）单元式宿舍
每个单元由独立卫生间和若干居室组合形成的类似普通住宅的宿舍平面形式，进一步分为点式单元式宿舍、廊式单元式宿舍。

（1）点式单元式宿舍

土地利用率高，平面高效集约，节约交通面积，同层人数相对较少，干扰性较小，适用于南北方地区。例如，哈尔滨工业大学（深圳）荔园学生宿舍（图5-41）。

（2）廊式单元式宿舍

土地利用率高，居室数量较多，同层人数相对较多，适用于南北方地区。例如，香港理工大学何文田学生宿舍。

图5-41　哈尔滨工业大学（深圳）荔园学生宿舍外观
来源：作者自摄。

3. 案例分析

1）加州大学圣华金村

加州大学圣华金村距加州大学巴巴拉分校校园中心约 1.6 km，该场地以前是一个商业园区，现在将高、低密度的学生和教师住宅、便利店、餐厅和学生生活设施整合到一个园区中。基地被划分为三个主要区域，由多条外部环形路径串联起来，人们可以步行或骑自行车进入住宅和设施。完善的广场、娱乐设施和庭院是该计划的重要组成部分，它们可以促进学生的社交生活，营造社区感。这些开放区域同时营造出了一种归属感，并与周围居民区建立联系（图 5-42、图 5-43）。

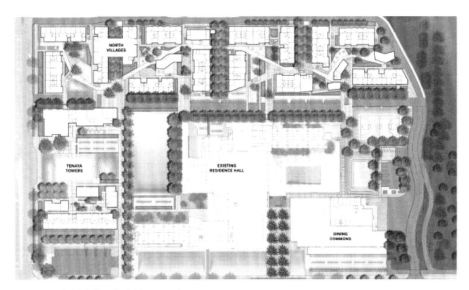

图 5-42　加州大学圣华金村平面示意图
来源：SOM+LOHA+KDA+Kieran Timberlake.

图 5-43　加州大学圣华金村实景图
来源：Bruce Damonte 拍摄。

娜雅（Enaya）大楼由SOM设计，由两个平行立面、六层楼高的塔楼以及一个宏阔的室外广场组成。内含供学生群体共用的娱乐室和自习室。在每座塔楼内，学术和娱乐室都被划分为活跃区域，提供社交机会。在每个单元内，生活空间向阳台开放，可以俯瞰邻近的广场，而卧室则位于远离室外活动区的地方。自习室和娱乐室呈竖向分布形式，位于大多数楼层的中心，为学习和社交活动提供便利（图5-44）。

图 5-44 娜雅大楼实景图
来源：Bruce Damonte 拍摄。

2）麻省理工学院学生公寓

城市化的设计理念给居住在这个公寓里面的学生提供了舒适的空间，例如125座的剧院和一个午夜咖啡厅。公寓的食堂位于首层，与其他临街的餐馆一样，有特制的遮阳篷和室外餐桌。连接各个房间的走廊如同大街一样宽敞，可以带来多种都市体验。整栋建筑有五个大尺寸的洞口，这些洞口包括主入口、视觉走廊以及与体操房等功能相连的主要室外活动平台（图5-45）。

图 5-45 麻省理工学院学生公寓实景图
来源：斯蒂文·霍尔建筑师事务所。

第 6 章

知识城市理念下南方科技大学校园发展

Knowledge city

南方科技大学位于广东省深圳市南山区，是国家高等教育综合改革试验校、教育部第二轮"双一流"建设高校，是由广东省领导和管理的全日制公办普通高等学校，是深圳市创办的一所创新型大学，为深圳国际友好城市大学联盟、深圳高校创新创业教育联盟成员。[①]学校借鉴世界一流理工科大学的学科设置和办学模式，以理、工、医为主，兼具商科和特色人文社科的学科体系，在本科、硕士、博士层次办学，在一系列新的学科方向上开展研究，使学校成为引领社会发展的思想库和新知识、新技术的源泉。

南方科技大学是深圳一流大学建设的标杆，2007年，南方科技大学筹建工作正式启动，建校于 2010 年，到 2021 年为止，校园占地面积已达 194.38 万 m^2，规划总建筑面积为 90 多万 m^2。学校目前已设置理学院、工学院等八大学院，建成 28 个院系及若干中心，开设 36 个本科专业[②]（图 6-1）。

图 6-1　南方科技大学校园鸟瞰图
来源：南方科技大学提供。

6.1 办学理念

6.1.1 办学目标

南方科技大学是依托于知识城市深圳所创建的一所具有鲜明时代特征和改革创新精神的大学，也是在我国高等教育改革发展的时代背景下创建的一所高起点、高定位的大学。学校充分借鉴世界一流工科大学的学科设置、办学模式及成熟经验，创新办学体制机制，建设成为国际化、高水平、具有国际影响力的新型研究型大学。

南方科技大学扎根中国大地，紧抓粤港澳大湾区、深圳先行示范区"双区"驱动，深圳经济特区、深圳先行示范区"双区"叠加的历史机遇，发扬"敢闯敢试、求真务实、改

① 南方科技大学发布十周年校庆公告（第一号）[EB/OL].https：//www.sustech.edu.cn/10th/.
② 南方科技大学官网 https：//www.sustech.edu.cn/.

革创新、追求卓越"的创校精神，突出"创知、创新、创业"的办学特色，践行"明德求是、日新自强"的校训精神，努力承担起中国高等教育先行示范的责任，努力培养具有世界性的发展眼光和创新意识的高质量人才，从而促使深圳社会经济发展与深圳的高等教育发展质量相适应，并进一步完善深圳的自主创新体系。[①]

6.1.2 办学特点

（1）理学、工学、医学学科为主，兼具部分商科、特色人文社会学科与经济、管理学科。

（2）学校系科和学科专业设置紧跟学科发展前沿，面向国家战略性新兴产业发展，重点发展与新能源、新材料、新一代信息技术、节能环保、生物技术与生物医药等相关的新兴学科专业和交叉学科。

（3）研究中心设立特色实验室，为高年级本科生和研究生提供创新创业的研究平台。

（4）大学科技园开展应用性研究和先进技术与产品开发，强化应用学科的有效供给能力。

6.2 发展历程

自改革开放以来，深圳作为我国经济体制改革的开路先锋，凭借经济特区的政策优势，在短时间内实现了城市经济的飞跃式发展，创造了举世瞩目的城市发展与经济发展奇迹。过快的经济发展导致了社会经济发展与高等教育发展脱节，虽然深圳市坚定地开展教育优先的战略，投入大笔资金用于支持教育发展，但始终未能解决经济发展与教育发展不适配的问题，深圳高校所培养的高等教育人才的数量与质量无法满足深圳市的进一步发展的需求。基于这种现实情况，深圳市政府策划筹建南方科技大学，以促进深圳高等教育的发展，打造深圳自主创新体系。

南方科技大学作为"创新之都"本土设立的学校，从创立伊始就明确了先锋教改的观念，在此基础上的校园规划设计也充分吸取国内外高校的先进设计经验，明确以书院制作为其教育的载体，这是对书院制高校进行因地制宜的中国本土化设计的先进探索，同时南方科技大学的建造项目的启动也标志着我国落实书院教育的开始（图 6-2）。

6.2.1 书院制校园的探索与本土化（2007—2013 年）

2007 年 3 月，在深圳市第四届人民代表大会第三次会议上，《政府工作报告》中决定筹建南方科技大学。综合考虑到整合片区优势、集约利用资源、快速形成配套设施等多方面的因素，大学选址在西丽大学城内。在 2008 年将南山区浮光、田寮、杨屋三个村庄搬迁以满足南方科技大学新校区的建设需求。在拆迁时并未清除村庄内的古墓遗址、老石古树等历史遗迹，而是希望能将规划区域内部的文脉保留下去，并将其融入到校园文化中。

---

① 南方科技大学官网——学校概况 [EB/OL].https：//www.sustech.edu.cn/zh/about.html.

图 6-2　南方科技大学校园规划图
来源：南方科技大学提供。

学校校园占地 194.38 万 m²，北至羊台山，南至学苑大道，西至南科一路，东至近长岭陂水库。其中，二线关以南至学苑大道为建设用地，面积 123 万 m²；二线关以北至羊台山之间为生态用地，面积 71.38 万 m²。

2008 年 8 月，深圳市规划局、南方科技大学筹备办、市建筑工务署共同扮演南科大"代业主"角色。在三方的协商统筹下，初步确定了南方科技大学校园内整体规划建设分三期进行，总建筑面积 58 万 m²。这所为"改革开放的窗口"深圳设计的全新大学校园，吸引了全球 16 家中外设计机构参与投标。在初始投标的多个方案中，学校被定义成一个开放式的科研园区，将学校与城市的边界模糊化，让城市渗透进学校，彼此交融。其中，深圳市筑博工程设计有限公司设计方案拔得头筹，被称为"五朵鲜花盛开"，以富有特色的五个巨环连接起校园建筑，承接当时五个学院未来不同的空间形态。整个设计最大的特点是，为每个学院预留一定的外部共享空间，形成一个连环街道（图6-3）。

后来，学校期望规划能贯彻"书院制"的理念，将南方科技大学营造成一个幽静的"世外桃源"式的校园，在此基础上能符合"节能、环保、厚重、实用"的校园建筑理念，因此校方放弃投标方案，并另委派深圳市筑博工程设计有限公司重新规划设计，聚焦"小而精"的办学特色，按照在校学生2600人的规模推出了一期校园规划。

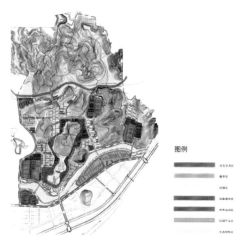

图6-3　南方科技大学校园规划示意图（2008年版）
来源：南方科技大学提供。

校园建设一期工程主要包括教学科研组团、公共服务组团、体育组团、师生宿舍组团等各类功能共 32 栋单体建筑，约 20.59 万 m²，相关建筑及配套设施于 2013 年 7 月完工并交付使用（图6-4）。南方科技大学一期规划以"学习的大街"和"书院核心"为主要设计概念。

1　行政楼
2　一期图书馆
3　第一教学楼
4　检测中心
5　第二教学楼
6　第一科研楼
7　第二科研楼
8　学生食堂
9　湖畔公寓（书院宿舍区）
10　九华精舍
11　教师及专家公寓
12　风雨操场
13　田径场

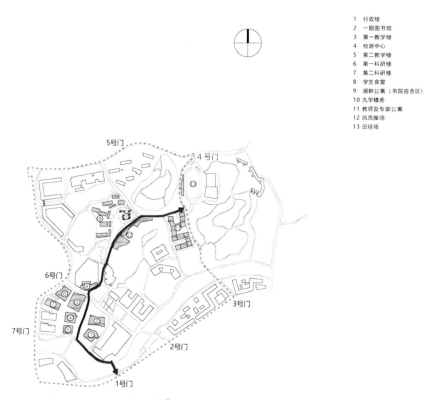

图6-4　南方科技大学一期建成图[①]
来源：何珊. 南方科技大学书院建筑规划、设计及使用后评价研究 [D]. 西安：西安建筑科技大学，2019.

①　何珊. 南方科技大学书院建筑规划、设计及使用后评价研究 [D]. 西安：西安建筑科技大学，2019.

学习的大街：南方科技大学一期规划摆脱了传统高校僵化惯用的"大轴线、大广场、大建筑"的理念，在设计中并没有显性规整的轴线，而是提出了打造一条最具备活力的路径，即"学习的大街"轴线。这条轴线联通 1 号门—教学区——期书院区和体育活动区。书院位于教学区域与教师公寓之间，为老师和学生的路遇提供有力的条件，促进两者的沟通和交流，也通过这种方式将学校办校理念"生活即学习"引入到规划设计中。

书院核心：一期规划的设计有意识改变传统高校"住宿—教学—运动"三个组团分离布局的格局，向着以书院为校园内中心的方向探索，书院居于校园的主体地位，教学区域、运动区域围绕分布在书院周边，区域联系十分紧密。

6.2.2 书院制校园的扩建与分裂（2013—2017 年）

南方科技大学一期工程于 2013 年完工，并于 7 月迁入新校区。一期工程只包含满足学校开办基本需求的一系列建筑及设施，其中包括图书馆、行政楼、两栋教学楼、三栋科研楼、食堂、湖畔书院、教室及专家公寓、田径场及风雨操场。

南方科技大学不断发展，随着专家教师的不断引入和招生人数的增长，原有的一期工程建筑已经不满足使用需求，因此在这一阶段书院规模与形态都在根据实际需求不断变化和调整。

在迁入新校区伊始，共成立了两个书院：致仁书院和树仁书院，学生人数相对较少，全部居住于湖畔书院内。

在 2015 年，书院由两个扩张到四个，新增添了致诚和树德两个书院，但仍不能满足数量激增的学生需求，因此对原二线关路以北的工业厂房区的其中五栋进行了改造，将其快速转化为过渡宿舍区。对这部分建筑的改造沿用了我国内陆书院的普遍做法，首层以公共开放空间为主，多为书院活动室、办公室等功能区，二层及二层以上则维持着高效集约且常规的外廊式单间宿舍格局（图 6-5）。

2017 年新增树礼、致新两个书院，为满足进一步扩大的需求，校区最北端的欣园中的五栋建筑也被改造成第三个宿舍区域。与之前改造不同的是从追求书院制的形式转变为仅仅为了满足居住需求，因此完全保留了原有的内廊式宿舍格局，由于地理位置偏远，欣园内部功能单一，完全失去了书院制特征。为改变其状况，校方采用两种措施来打造此处的校园风貌以增强其独特性：首先，对室外进行景观再设计，利用地形营造若干别致的景观节点；此外，在空地搭建构筑物，作为阅读交流空间或体育活动场所，优化整体片区的使用体验，提升区域活力。

此时的校园形成了三片相对独立的生活区域，即校园南部的湖畔书院区域、中部的荔园区域以及校园最北部的欣园区域。三个区域散布在校园中，仅通过道路相互连接，联系相对薄弱。为了加强三者之间的联系并提升校园内各区域沟通的便捷性，在后续的规划中采取了两项措施：首先，在交通上组织校园巴士构建校园内的快捷交通体系，一方面能够加强各区域间的联系，另一方面满足学生学习交流，缩短过长的通勤时间；其次，在荔园与湖畔书院区修建横跨山地的栈道，其中辅以景观节点与休闲座椅等设施，将两者间难以翻越的山地打造成为校园内的景观区。通过这两个措施有效地缓解了各区独立和校园内通勤不便捷的问题，同时也使各居住区域趋于均质化。

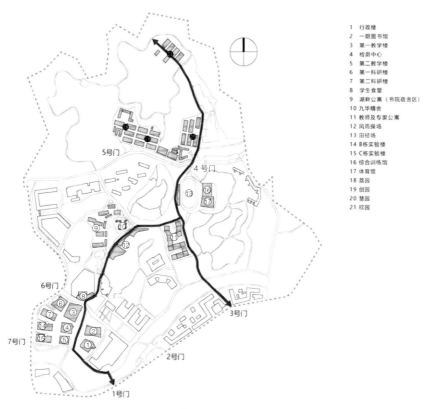

1　行政楼
2　一期图书馆
3　第一教学楼
4　检测中心
5　第二教学楼
6　第一科研楼
7　第二科研楼
8　学生食堂
9　湖畔公寓（书院宿舍区）
10　九华精舍
11　教师及专家公寓
12　风雨操场
13　田径场
14　B栋实验楼
15　C栋实验楼
16　综合训练馆
17　体育馆
18　荔园
19　创园
20　慧园
21　欣园

图 6-5　南方科技大学一期续建建成图 [①]
来源：何珊. 南方科技大学书院建筑规划、设计及使用后评价研究 [D]. 西安：西安建筑科技大学，2019.

　　这个阶段的校园规划是在一期规划的基础上因实际需求变化而出现的，大多遵循零碎式发展的样式，缺乏合理的统筹设计，因此校园显得杂乱无序，内部道路规划繁杂，使用体验不佳，在规划层面甚至出现了与学校初始规划目标相悖的情况，主要体现在两个方面：

　　在布局方面，建校伊始确定的"以书院为中心、学习生活起居一体化"的紧凑模式被打破，与校园容量不匹配的大量招生引发了为满足使用需求的校区扩建，进而导致学校逐渐回归至传统大学分区规划模式，一期书院、荔园与欣园散布于校园，独立成区，建校初期所规划的紧凑校园模式逐渐走向分裂模式，形成了较为严峻的校园交通问题，即交通流线过长，使用体验较差。

　　在新增的荔园和欣园影响下，"学习的大街"被延长，演变成为 1 号门—教学区—一期书院区和体育活动区—慧园—欣园。由于扩建区域布局问题，过长的线路无法满足通勤的需求，进而出现 3 号门—教师专家公寓—慧园—欣园的第二条轴线。一期规划中所提出的"学习的大街"理念逐渐瓦解，促进师生交流学习的功能被不断弱化，而交通流线的功能日益凸显。

①　何珊. 南方科技大学书院建筑规划、设计及使用后评价研究 [D]. 西安：西安建筑科技大学，2019.

6.2.3 书院制校园的调整与重组（2017—2021 年）

为了改变校园杂乱生长的局面，适应学校的快速发展，符合国家化、研究型高水平大学办学理念，南方科技大学委托中国城市规划设计研究院深圳分院对整体校园重新规划设计。

本次规划明确建校初心，即以"书院制"为基础，在此基础上对一期规划理念进行进一步拓展延伸，并结合自由生长出的校区现状，衍生出二期规划的规划理念，提出了"两轴三廊一环"的空间结构模式。在"学习的大街"基础上提出"两轴"，即校园学术主轴和人文景观轴，结合以"书院制"为中心的理念，并结合自然景观地貌提出"三廊"和"一环"，即学术天街廊、自然山水廊、大沙河景观廊以及溪流花园环。

校园建设一期工程已奠定了南方科技大学因山就势、分散式发展的总体格局。二期规划空间结构以一期建成区为基础，重点在一、二期之间通过公共空间的整合作用，实现学科社区功能设施完善和雨洪系统上的衔接。

（1）通过学术天街、十字中轴连接一期教学建筑与二期教学建筑，构建富于纪念意义且交流有序、文化鲜明的整体校园空间。

（2）通过校园主轴、自然山水廊和溪流花园环等轴线和廊道连接一期与二期校园生活设施，提升校园公共生活水平，展现校园的山地特色，优化步行体验。

（3）以溪流花园环统一管理校园的雨洪系统以解决洪水侵扰，并因地制宜地塑造师生期待与喜爱的规模化岭南水景观。

校园建设二期工程主要包括公共教学楼、理学院、商学院、工学院、人文社科学院、南方科技大学中心、办公楼、新学生宿舍及室外配套工程，总体建筑面积约 43.54 万 m^2，于 2019 年始陆续建成投入使用（图 6-6）。

6.2.4 书院制校园的延续与发展

南方科技大学三期工程是在二期规划形成的总体格局的基础上，依据学校发展的需要而进行的建筑加建。目前确定的项目主要为南方科技大学医学院及南方科技大学附属医院、训练馆、教师公寓、文博中心、科研大楼及深港科学园。

南方科技大学医学院项目及南方科技大学附属医院项目选址于深圳市南山区西丽大学城片区南方科技大学校园内东南侧，包含教学用房、宿舍、食堂、行政办公用房等，总建筑面积约 31 万 m^2。

除了建设新的院系（南方科技大学医学院）和扩建原有训练馆外，南方科技大学依托新建的深港科学园（南方科技大学深港微电子学院、深港创新中心）与附近院校协同打造西丽湖国际科教城区，形成"两轴、三区"的规划结构。"两轴"即为依靠二层连廊系统连接南方科技大学、白石岭、中央山体的校园活力轴和依托平南铁路老货运线营造成为铁轨公园的绿色休闲轴。依托于此规划系统，实现了南方科技大学与城市空间相互渗透，将校园与城市紧密连接起来。

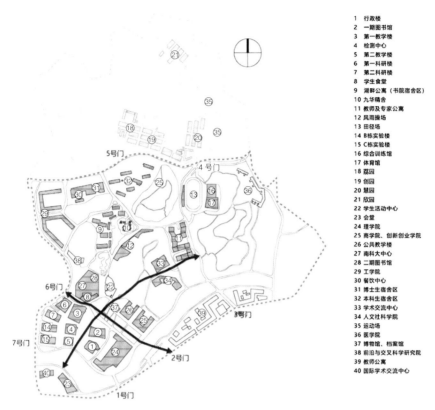

1	行政楼
2	一期图书馆
3	第一教学楼
4	检测中心
5	第二教学楼
6	第一科研楼
7	第二科研楼
8	学生食堂
9	湖畔公寓（书院宿舍区）
10	九华精舍
11	教师及专家公寓
12	风雨操场
13	田径场
14	B栋实验楼
15	C栋实验楼
16	综合训练馆
17	体育馆
18	荔园
19	创园
20	慧园
21	欣园
22	学生活动中心
23	会堂
24	理学院
25	商学院、创新创业学院
26	公共教学楼
27	南科大中心
28	二期图书馆
29	工学院
30	餐饮中心
31	博士生宿舍区
32	本科生宿舍区
33	学术交流中心
34	人文社科学院
35	运动场
36	医学院
37	博物馆、档案馆
38	前沿与交叉科学研究院
39	教师公寓
40	国际学术交流中心

图 6-6　南方科技大学二期建成图 [①]
来源：何珊.南方科技大学书院建筑规划、设计及使用后评价研究 [D]. 西安：西安建筑科技大学，2019.

6.3 校园特点

6.3.1 自由布局的人文校园

　　南方科技大学在建校初期提出了去行政化改革、创新人才培养的一系列不拘一格的新型高校理念，因此在其规划设计中也不拘泥于高校的规整布局，更加追求以促进师生交流为目的的规划方式。在一期的校园规划中舍弃了中国大学新校园惯用的大轴线对称式布局，所有新建建筑均为四层及以下的小尺度形制，体现出了人文关怀。虽然这样的规划受到了校园中文物保护单位的限制，但仍体现了其与众不同的建校理念。

　　在二期建设中采用了一明一暗两条轴线。在新校园内布置了一系列对称式的巨大教学楼，形成了校园的学术主轴，建筑中间的灰空间形成一条与主轴交叉的人文景观轴，用以沟通西入口与南入口。不过受到文物紫线保护区域的影响，主轴线依然不能贯通整个山水体系，但也因此在校园内形成了更加迎合地貌的自由轴线，削弱了校园严肃沉闷的气氛，使之更具人文气息。

① 　何珊.南方科技大学书院建筑规划、设计及使用后评价研究 [D]. 西安：西安建筑科技大学，2019.

6.3.2 依山傍水的园林校园

规划完整保留了包含上周古墓遗址的原有八座山体，并用废弃的建筑垃圾在校园南侧堆砌出第九座山，与原有东西贯穿的大沙河一道形成山水资源集中的"九山一水"总体格局。九山一水，处处芳华，九座山丘罗列其间、大沙河穿行而过，自然地理环境优越。荔枝林、古榕树等形成了特有的校园景观，分布于校内的商周墓葬遗址透露出这片土地的厚重历史，碉楼、土地庙等独具岭南特色的人文景观也融入在校园风貌中。

景观资源充足的校园内，山水地貌与植物景观不仅仅是人工建设的陪衬，更是校园文脉的延伸，使校园内的园林更具本土气息。除此以外，因文物遗址和水源保护等原因不能去除的山地和树林也分割了校园，使之成为比较明显的几个组团，虽然这在一定程度上造成了一些交通方面的问题，但也因此使得学院与学院的分隔更加融于自然地貌，与岭南的传统园林文化不谋而合，这也成为"书院制"的空间依托。这种符合本土文脉的借景融景使得南方科技大学成为一个与众不同的依山傍水的园林校园。

6.3.3 绿色节能的生态校园

南方科技大学校园规划重视"资源集约利用""环境友好营造""规划合理布局""人行空间设计"及"校园绿色人文"五大指标体系的建立。[①]

1. 资源集约利用

利用校园生态规划将校园建设成为一个功能高效的生态系统，主要体现在水资源的收集与再利用，将过量的自然降水调蓄成为校园景观用水、杂用水的重要来源。

2. 环境友好营造

校园尊重山水资源与地域文化，塑造更符合南方科技大学发展内涵的校园特色，对遗留的荔枝林、古榕树等生态资源采取一系列的保护和再利用措施。对于人工景观的设计提取岭南园林的特征，植物配置充分考虑当地文化和风貌，注重环境友好型校园的营造。

3. 规划合理布局

在规划布局层面，校园规划充分结合山势水景，保持合理的建设密度，创造了优良的人居环境，在此基础上设置利于契合场地现状和使用功能的景观，使校园内部构成了良性循环体系。

4. 人行空间设计

校园内注重人行空间设计，将人行道细分为步行道与健跑道，并由其串联校园内的景观广场节点，构成了沟通整个校园的景观步道体系。

---

① 南方科技大学基建办公室. 南方科技大学规划与建筑 [Z]，2020.

5. 校园绿色人文

学校自始至终都在建立可持续发展的绿色校园文化精神内核，充分保护商周墓葬遗址、碉楼、土地庙等独具岭南特色的人文资源，并将其再利用，打造特色鲜明的绿色校园文化。

南方科技大学的校园规划设计在以上五个层面上进行了专项的分析设计，形成了一套相对完善的生态校园规划体系，构建了绿色节能的生态校园。

6.3.4 交流互动的书院校园

为打破学科界限，增强人文素质教育，南方科技大学的规划注重创造激发一切可能性的正式、非正式场所、实体与虚拟的学习平台和科研交流场所。在不同学院之间、不同学科之间，设置既有分隔同时又能保证有相对便捷交往的交流区域，从而在空间设计层面激发不同学科之间、不同教师之间、不同学生之间的各类思想碰撞和交流。

在实际建设中这些交流场所种类多样，包含餐饮、学习、运动等公共交往空间，共同形成了校园内的共享中心，将南方科技大学打造成交流互动的书院校园。

6.4 规划目标

6.4.1 支持国际化、高水平、研究型大学的办学理念

高水平、研究型大学是一个国家的科技和社会生产力发展到一定程度的产物，是高等教育适应社会需要，在不断推动社会进步过程中，自发形成的大学形态。其最重要的特点是由传统的教授型教育转换为创新型教育，将交流与协作作为基本学习手段。在规划层面更注重促进校园内的交流交往等社会活动的产生，从而实现支持国际化、高水平、研究型大学的办学理念。

6.4.2 尊重山水资源与地域文化

南方科技大学校园北部为羊台山，南部与塘朗山相望，西南部临大沙河，地理位置优越，有丰富的山水资源。与此同时，校园内分布有距今三千多年的商周墓葬遗址，同时还保留有碉楼、古榕树、土地庙等原住民村落遗址，有丰厚的历史文化遗产。校园规划充分尊重其原有的山水资源和地域文化，让其成为校园文化的一部分。

6.4.3 塑造具有岭南特色的生态人文校园

岭南地区的建筑及规划独具生态智慧与人文智慧，是岭南地区地形地貌、气候特征、文化习俗、历史传统等方面的载体。现代的岭南建筑和规划积极吸收国内外先进的理念技

术，体现出地域性、文化性和时代性的统一。南方科技大学校园规划充分吸收现代岭南特色，借鉴岭南地区传统的规划智慧，因地制宜地形成具有岭南特色的生态人文校园。

6.5 规划原则

6.5.1 协同性原则

南方科技大学属于以学科集群组织为特点的学校，并以协同创新为目标的研究型大学。校园规划也力求适应南方科技大学的办学特点和国际化、研究型大学的发展趋势，在院、系之间构建既有边界，又促进交往的空间组织方式，融合正式、非正式的交流场所，激发学科之间、教师之间、师生之间更多的交流，促进学科之间的深度融合与协同发展，尽可能地在空间结构和使用层面反映学校追求协同创新的理念和特征。

6.5.2 新岭南原则

南方科技大学校园规划秉持传统和现代融合的理想空间理念，充分汲取岭南人居文化的思想，结合现代校园功能，融现代居、学、游活动和地域文化体验为一体，以现代的材料、工艺、技术和风景，阐释岭南传统建筑文化思想，为师生提供具有岭南气候和文化韵味的整体化校园。

6.5.3 可持续原则

南方科技大学校园规划充分考虑深圳的气候、地理、文化，提出"因势利导、因地制宜、因人而异"的理念，秉承绿色设计理念和可持续发展原则，实践海绵城市、低冲击开发、绿色交通、适应性气候设计、绿色建筑等技术理论。在校园景观规划上充分结合当地的风土人情和历史文脉，规划以贴合自然的形式解决实际问题，兼顾了校园美观与实用价值，使南方科技大学校园能够成为环境友好、资源节约、功能高效的可持续项目范例。

6.6 规划策略

6.6.1 弹性校园：弹性适应的生态发展模式

1. 发展弹性——单元生长模式
1）尊重原有的地形地貌，建立生态汇水系统
山形水势是决定空间结构的基本因素。校园内部地形多为浅丘地貌，平地较少（0°~5°），

缓坡零碎（5°~15°），大部分为中坡（15°以上），基地呈现北高南低的地形特征，谷地海拔约 30~40 m，校园北侧制高点约 150 m，二线公路以南的制高点约 80 m。

场地形态大致呈现指状结构，是城市规划中最理想的结构。校园与自然能够通过这种地形彼此有效地交叉渗透，同时决定了学校的基本空间结构走向。基于这种特殊的场地形态，校园规划提出了"山涧汇水、山谷聚水、谷底成溪"的设计原则，依托于山体的标高和山体形态，保留自然的汇水通道和水体资源，不同的汇水区也形成不同类型的水廊道系统（图 6-7）。

图 6-7　南方科技大学汇水廊道图
来源：中国城市规划设计研究院提供。

2）围绕汇水系统选择建设用地，形成微单元

在生态水系廊道与地形条件的基础上，划定地区的建设单元，形成校园建设的空间雏形和建设单元边界，每个建设单元为一个集水单元，形成独立的雨水循环生态水单元（图 6-8）。单元之间通过河道、沟渠、雨水管渠、区外河道等合理衔接，形成重要行洪通道，有效应对超标暴雨。在此基础上构建功能适度混合的生态空间单元，形成微单元。

在校园内现已规划形成四种类型的校园微单元，根据内部不同的功能组合可分为生活型微单元、教学型微单元、服务型微单元、综合型微单元。

（1）生活型微单元以住宿功能区为主，内部辅以生活服务功能、商业服务功能、运动功能的其中一项或多项。

图 6-8　南方科技大学建设单元划分图
来源：中国城市规划设计研究院提供。

（2）教学型微单元依托于书院制设计和促进学科交流的设计原则，单元内均包含研究、实验、教学三种区域，多分布在校园南部。

（3）服务型微单元以各类服务性质的功能区为主，主要功能为商业服务和生活服务，但由于商业、生活服务功能区域大多融合于生活型微单元内，因此纯服务型微单元数量相对较少。

（4）综合型微单元是在教学型微单元基础上加入管理功能区域，其内部能够形成一套完善的学习、研究、教学综合体系。

3）微单元聚落以细胞生长的方式组合，形成弹性校园

微单元以细胞的方式进行组合，形成微单元聚落（图 6-9）。微单元聚落嵌入整个校园大的山水格局之间。在此基础上对校园规划进行再分析，提出微单元聚落的"细胞式"生长方式。针对可生长结构的策略提出了进一步的规划建议，大致分为三个层面：预留弹性用地，确定生长轴线，确定生长单元模数。

（1）预留弹性用地：南方科技大学的建设，不是一次性的项目填满，而是给校园发展创造留白的机会，促进校园可持续发展。随着学校的进一步发展，学校内设施可能难以满足更多元的学科建设和更多的师生使用，吸取一期与二期过渡阶段盲目生长所导致的功能流线混乱、校园分区繁杂的经验教训，规划进一步确定了预留用地的位置和大小。

（2）确定生长轴线：生长轴线明确了校园定向生长的可能，并确定了弹性增长的方向和秩序，在一定程度上确保了校园在后期建设中不会打破现有规划格局和理念，而是能成为其延续。

（3）确定生长单元模数：以空间的尺度模数形成空间发展的基本网络骨架，建立统一的空间秩序，增加使用的混合度。

由此形成南方科技大学校园整体关联且可弹性生长的空间结构，适应学校的可能性发展，以及校园特色的长效积累。

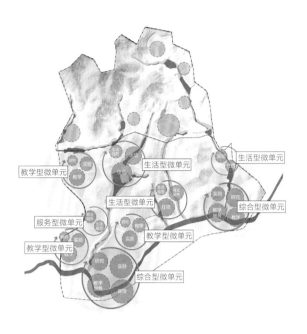

图 6-9　南方科技大学微单元聚落组织图
来源：中国城市规划设计研究院提供。

2. 生态弹性——海绵校园

深圳市为亚热带海洋性气候，雨量充沛，年降雨量约为 1935 mm，最多可达 2662 mm，夏季酷热，雨量大，台风暴雨多。由于气候原因，南方科技大学校园采用先进的雨水管理理念建设校园，即引入"海绵校园"设计理念，希望学校能够像海绵一样，在适应环境变化和应对自然灾害等方面具有良好的弹性，下雨时吸水、蓄水、渗水、净水，需要时将蓄存的水释放并加以利用。因此，校园规划更强调校园整体雨水管理系统的整体统筹规划，在校园内构建"渗、滞、蓄、净、用、排"体系，在常规雨水排放系统的基础上进一步增加应对超标降雨的能力，促进雨水资源化利用和水生态系统构建，建立绿色校园（图 6-10）。

南方科技大学的校园规划将雨水排放系统细分为四个方面：建筑、广场、道路、河岸。①

图 6-10　南方科技大学蓄水排水系统图
来源：中国城市规划设计研究院提供。

---

① 骆艳华. 广东地区高校海绵校园设计策略初探 [D]. 广州：华南理工大学，2020.

1）建筑层面

南方科技大学注重建筑与绿地的结合，多采用在建筑内设置绿地的做法，雨水流经绿地后才会汇集流入雨水管道，一方面使绿地对雨水进行了缓存，另一方面也减少了流入管道的雨水量，避免产生内涝。除此之外也采用了以区内建筑为单元设置绿色屋顶、雨水罐收集雨水，作为单元内部浇灌、冲厕用水的做法（图 6-11）。

图 6-11　南方科技大学屋顶花园
来源：中国城市规划设计研究院提供。

2）广场层面

学校大型广场根据不同的使用功能和场地特征，设立了不同的渗水集水装置以实现海绵校园的理念。在宿舍楼之间设计了许多下凹的小型广场，且均采用透水铺装，平时可当作学生的活动交流场地。若降雨量过大，凹型广场可将周边积水汇集，转变为一个区域内的蓄水池，从而减少地面积水导致道路不通畅的情况。由于不同书院的宿舍风貌不同，小广场的形式有所差异（图 6-12、图 6-13）。

图 6-12　南方科技大学旧宿舍区小型广场分析图
来源：作者自摄。

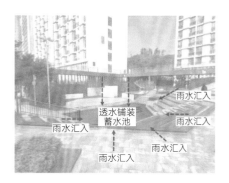

图 6-13　南方科技大学新宿舍区小型广场分析图
来源：作者自摄。

3）道路层面

　　南方科技大学对主要道路进行了专项设计，力求让道路不再是"内涝黑点"。为避免主干道产生积水，影响车辆通行或出现积水迸溅行人的情况，在主干道的一侧挖设 750 mm 宽、500 mm 深的大型暗沟，保证降雨能够快捷安全地排放。在人行道与车行道之间设置雨水花园和生物滞留池，形成绿地节流，以减少汇入到干道旁暗沟的雨水。人行道采用可渗透铺装，以便雨水能被铺装下的土地吸收，减少地面积水（图 6-14）。

图 6-14　南方科技大学道路排水分析图
来源：作者自摄。

4）河岸层面

　　横跨南方科技大学的中间设置了一条小溪，在这个小溪的岸边采用了《广州市海绵城市建设技术指引及标准图集》中的水体堤岸生态断面的做法，即小溪通过自然地势的高差形成了自然界的雨水过滤系统。所谓自然雨水过滤系统主要指雨水在流经河流的时候，会经历沉淀、紫外线杀毒、生物分解等净化过程。在小溪的部分流经区域，校园设计者还设置了雨水花园。这样通过该区域的雨水就经过了多重的天然净化。

　　以上四个层面的专项设计形成了南方科技大学的雨水排放系统，基本解决了以往由于校园雨洪设计和实施不完善，在暴雨季山洪倾泻所导致的校园底层全部被淹没的情况，同时也为其他的高校雨水排放系统设计提供了范例。

6.6.2 学科社区：创新空间的社区化

大学教育中存在着学院之间、专业之间的分类，南方科技大学在规划设计中希望不同专业、不同学科、不同院系的使用区域之间不是完全隔断的，而是存在着更多交流的可能性，因此在其交接区域存在互通公共空间，即交叉共享空间，以求打破学科间的壁垒，实现不同学科的交融与创新。由此提出了"学科社区"的设计策略，并在此基础上形成"学科内交流区—学科社区共享中心—学科复合共享平台"的学科创新交流结构，从校园规划层面促进学校科研的学科内协同、学科间协同、与城市协同的科研理念发展。

1. 学科社区共享中心

以步行尺度为模数，组织教学型微单元聚落，形成若干学科社区单元，作为促进协同创新和科教活动的基本单元（图 6-15）。每个学科社区单元以 150~300 m 为出行半径，并统一在完整的校园步行系统上。

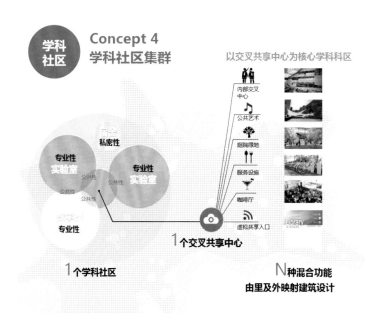

图 6-15　南方科技大学学科社区
来源：中国城市规划设计研究院提供。

将私密性、公共性、专业性空间经过规划设计后合理布局于一个学科社区单元内，最大程度地促进学科碰撞交流。每个社区均配置体育场地、公共交流、特色餐饮、交叉学习中心等功能与设施，形成社区服务中心、社区共享中心。通过对学科社区共享中心的设立和应用实现了学科内的协同发展。

2. 学科复合共享平台

多个学科社区单元的共享中心集群联系，形成学科复合共享平台。南方科技大学设计之初就明确发挥改革创新，建设成为国际化、高水平、研究型大学的建校目标，在校园设计中也期望能够最大程度地促进不同学科之间的交流，避免单一学科的掣制，搭建起科研突破的平台，从设计层面有意识地创造多学科联系交流的条件，搭建起多学科交叉的科研条件和平台，促进学校内各学科知识的传递、融合、交叉、创造（图 6-16）。

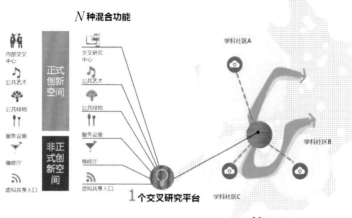

图 6-16　南方科技大学交叉研究平台
来源：中国城市规划设计研究院提供。

　　校园规划的学科复合共享平台分为正式创新空间和非正式创新空间。正式创新空间为交叉研究中心、公共艺术、公共绿地、服务设施等针对学科交叉所设立的设施及场所，这些设施场所的设立为学科交叉深入发展和进一步创新提供了可能。通过学科复合共享平台的设立和应用，实现了校园内的各学科间协同发展。非正式创新空间为咖啡厅和虚拟共享入口等依托于其他功能载体的场所，这些场所的设立能促进不同学科人员之间的交流，从而大大提升学科交流的频率，促进学科交叉研究的生成。
　　共享平台一方面是南方科技大学校园内的交流共享和成果展示中心，也是学校与外界进行知识外延与交流的载体，从而实现与城市协同发展（图 6-17）。

图 6-17　南方科技大学共享平台
来源：中国城市规划设计研究院提供。

6.6.3 岭南 X 园：新岭南特色的景园空间

南方科技大学的校园规划希望能够传承当地的文脉，反映出地方文化，由此衍生出第三个规划策略——岭南学园。园林文化是岭南地区的一项特色，岭南园林作为中国传统园林艺术的三大流派之一，在中国的园林文化中也起着举足轻重的作用。宅园一体是岭南地区的主要特点，这种与众不同的特点也使得岭南园林形成了与众不同的的内外关系和拼合关系，是岭南人独特的生活情趣。岭南人追求自然化、艺术化的园居生活孕育了岭南园林的独特风格：求实兼蓄，精巧秀丽。同时，岭南园林中不同的园林有着其特殊的主题，一石一木皆可为题，构成了岭南人与自然和谐共处、相互依托的关系，也因此形成了多样的园林形式与风貌。

由于地形特点，校园建筑分散在山丘水系之间。规划以院落系统为共同语言，以宅园一体的岭南园林为共同线索，在南方科技大学形成岭南学园的景园空间系统。在每个学科社区内，以园、院为核心公共空间，校园建筑根据地形特点分散在山丘水系之间。设计特征差异的岭南园林，突出地域性景观与文化识别性。在山林浅丘和学校社区之间以连续的漫游步行系统相连，在南方科技大学内形成岭南 X 园为母题的景园空间系统，在充满科研氛围的学科社区之间，增强地域特色的自然体验，形成南方科技大学鲜明校园文化的柔性载体和因地制宜的岭南化高校规划体系。

1. 岭南 X 园轴带系统

依托于南方科技大学所在地区的地形，即校园内散布的浅丘，对其进行再设计，形成多路径的漫游体系，不同路径形成不同的景观与场所体验。通过连续的漫游系统，即学术廊、溪流花园、景观轴构建轴带系统，将各具特色的岭南学园在山林浅丘和学校社区相连，形成层次分明、路径连续的岭南 X 园系统（图 6-18）。

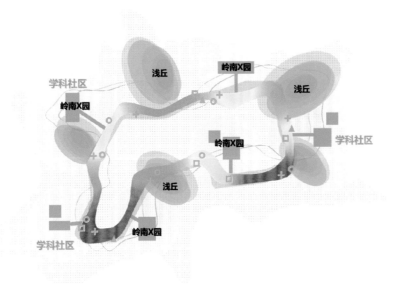

图 6-18　南方科技大学岭南 X 园轴带系统
来源：中国城市规划设计研究院提供。

穿行于浅丘及微单元之间的核心慢行环线，形成体验校园最核心景观的标志性步行空间，成为学院师生沟通交流、漫谈古今的重要场所，也使岭南文化在当代的高校校园规划中得以传承和再演绎。

2. 岭南 X 园庭院空间

利用不同学科、院系建筑群的院、园格局，设计一系列主题差异的岭南庭院空间，以支持多元的正式、非正式活动。其岭南特征主要体现在建筑、路径和园林三个层面。

1）建筑层面：岭南庭院布局与造景

岭南建筑以其高度的文化包容性和适应气候特点的设计语言而自成一体。敢为人先、现代实践也使岭南传统建筑不断有创新的形态出现，这正与南方科技大学的办学目标和校园文化相吻合。因此，南方科技大学校园建筑应以岭南建筑场所气韵为原点，"淬砺其所本有而新之，采补其所本无而新之"，结合现代教学建筑和居住建筑的功能特点，通过新材料、新技术的适当运用，塑造传统与现代交融、功能与体验兼备的新岭南校园建筑。

以传统岭南建筑的院落为原型组织建筑空间，形成以"岭南 X 园"为母题的建筑群落，并结合连廊、冷巷、底层架空等建筑要素，形成开敞通透、自然轻巧的地方性建筑特质。在建筑语言上，不采用元素移植，而是以传统的色彩、质感、肌理为现代材料处理的细节灵感，结合教学功能和交流特点，构筑富有时代感和传承性的岭南新建筑风格。

2）路径层面：规模化的岭南种植

在道路及中部景观节点部分充分融入岭南特征，在环路上保留长势好、形态好的苗木，增加观赏性较高的蓝花楹为基调树种，丰富水生植物类型，达到净水功能，并与园区生物协调共生。校园规划充分结合当地的气候特征和原有的植物种类形态，分析不同功能区域路径的不足之处，并对其进行景观再设计，提升其美观程度和生态稳定性，更为学园路径注入浓郁的岭南风味。

除此之外，路径中部分节点为原有荔园，这部分区域以原生的荔枝林为基调树种，辅以具有岭南特色的植物进行规模化种植，形成一个具有景观性、地域性和生态性的岭南特色路径。

3）园林层面：岭南庭院布局与造景

为使南方科技大学的科技创新、活动休闲发生在富于传承和地域风格的开放空间中，以 100 m 为半径设置庭院，考虑支持多元的正式、非正式活动，每个庭院面积不小于 500 m²。并汲取岭南园林、庭院建筑的布局、造景手法，结合院系的建筑功能和活动需求设置景观和设施（图 6-19）。

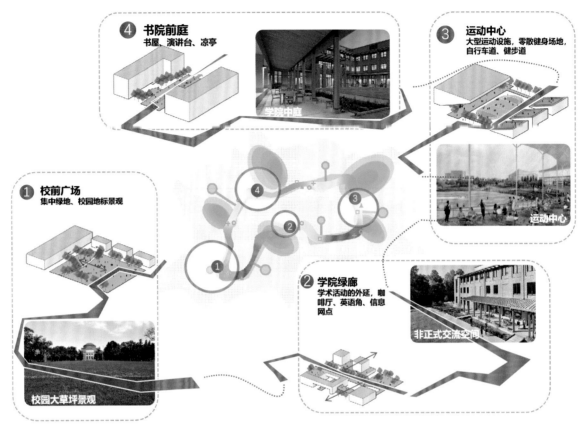

图 6-19　南方科技大学岭南 X 园院落空间
来源：中国城市规划设计研究院提供。

第 7 章

南方科技大学校园的规划特征

Knowledge city

7.1 空间结构与功能分区

7.1.1 空间结构

　　在二期校园空间结构规划中，其重点在于通过公共空间整合一期已建成空间，使南方科技大学的教学、生活功能形成"两轴、三廊、一环"的整体空间结构（图7-1），完善南方科技大学学科社区和功能组团设计，实现雨水系统上的连接，为南方科技大学奠定稳定的发展格局。在此结构基础上，各院系以学科社区的模式进行组织，形成生态格局明晰、弹性生长、协同交流、地域景观的网络化校园布局，二期校园空间结构提出了两轴、三廊、一环的空间结构。①

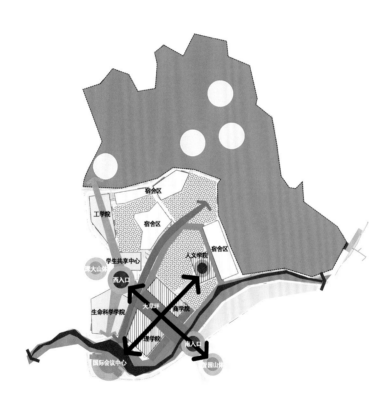

图 7-1　二期校园空间结构
来源：中国城市规划设计研究院提供。

1. 两轴
　　通过学术天街、十字中轴连接现状教学建筑与二期规划教学建筑，打开校园主入口处视线，构建富于纪念意义、礼仪有制、文化鲜明的整体校园空间。

---

① 中国城市规划设计研究院深圳分院．南方科技大学校园建设详细蓝图说明书 [Z]，2016.

2. 三廊

以校园主轴、自然山水廊、大沙河景观廊等带状景观，连接一期与二期校园生活设施、教学设施和公共设施，提升校园公共生活水平，充分塑造山地特色的校园空间并强化慢行友好体验。

3. 一环

以溪流花园环统一整合校园的雨洪系统，解决洪水侵扰，在此基础上结合周边建筑功能、地形地貌，围绕溪流花园环轴发一系列因地制宜的师生期待与喜爱的规模化岭南水景观。

1）两轴：校园主轴、人文景观轴

校园的两条轴线以十字景观轴的形式奠定校园的整体礼仪景观秩序（图7-2）。校园学术主轴连接校园前的西、南入口，纵向贯穿校园。南部以城市公园——翠谷公园智园为前景，西部以校园西入口为终点，沿途通过大沙河、南入口、古榕树、西入口等标志性节点，串联南方科技大学中心、图书馆、博物馆、公共教学楼、理学院、商学院等功能体，形成展示南方科技大学学术性景观风貌的礼仪轴线。校园学术主轴以大草坪为主景，两侧结合院系大楼和公共建筑设置疏林带状步行广场，广场上设置树阵、雕塑、休憩亭等设施，形成集校内通行、纪念聚会、学习交流、摄影休闲等礼仪性功能于一体的校前区景观。

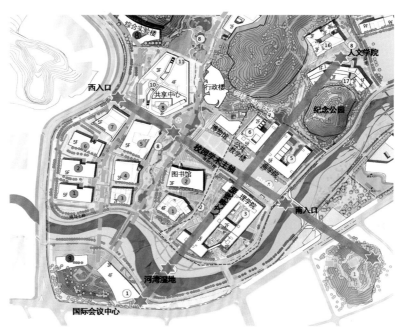

图 7-2　两轴——校园主轴、人文景观轴
来源：中国城市规划设计研究院提供。

人文景观轴以大沙河西端河湾南方科技大学国际会议中心为起点，延伸至人文学院山谷。依托自然山形水势，由西南向东北方向依次串联河湾湿地、理学院、商学院、人文学院、学术交流中心等功能单元。人文景观轴沿途串联的学科社区组团为以院、园为主题的岭南景园单元空间，相较于校园学术景观轴宏大开敞的空间性格，层层景园空间勾勒出这一景

观轴线上更为内敛的风貌。通过艺术展廊、绿谷栈道、湖滨岭南园、缓坡台园、纪念亭、凤凰木林荫道等设施赋予这一景观廊道浓厚的岭南文化语言和清雅求学的氛围。校园学术主轴、人文景观轴共同形成十字形景观格局，定义了校园整体收放有致的景观秩序，编织起校园核心的教学功能体，共同构筑南方科技大学的主体空间结构。

2）三廊：学术天街、自然山水廊、大沙河景观廊

三廊指的是校园西部的学术天街、中部的自然山水廊、南部的大沙河景观廊（图7-3）。

图 7-3　三廊——学术天街、自然山水廊、大沙河景观廊
来源：中国城市规划设计研究院提供。

（1）学术天街

学术天街位于校园西部，沿南科一路展开，结合现状教学建筑和二期教学建筑，为南方科技大学校园学术主轴外另一条主要的学术性步行廊道系统（图7-4）。学术天街为一条南北向连续的立体步行长廊，连接工学院、南方科技大学中心、西校门、生命科学院、实验楼和公共教学楼。学术天街的设计结合学科社区和山地特点，以多标高、多类型的走廊空间连接各学院、各建筑的公共广场、共享平台、咖啡厅、走道等公共空间，拟打造为一条学习邂逅、交流交往的活力纽带。[①]

（2）自然山水廊

自然山水廊沿校园南北方向展开，结合校园内的溪涧水系，以校园北部学生宿舍景观湖道为起点，以校园南部教学区旁的大沙河为终点，途径校园主要人流通路，是一条以山涧湿地景观为主题的富有山地校园特色的慢行走廊。自然山水廊提供亲水平台、步行、自行车等体验方式，包含多彩多样的慢行路径，形成校园生活区和教学区之间人性化、景观化的出行捷径（图7-5）。自然山水廊除了校园慢行景观廊道的功能，还具有调节、优化校园雨洪管理的功能，是构建"生态弹性——海绵校园"的重要组成部分。校园二期规划根据汇水系统分析和构建，完善一期规划中的溪涧水系，多层次利用地形坡度，改善校园

---

① 中国城市规划设计研究院深圳分院. 南方科技大学校园建设详细蓝图说明书 [Z]，2016.

雨水排水流向。

（3）大沙河景观廊

大沙河为校园南部边界，长约 1700 m，是校园与城市对话的结构媒介。校园二期规划结合大沙河水利工程整治，对大沙河两岸景观进行塑造和提升。在慢行环境塑造上，沿大沙河设置连续的自行车道和漫步道，并且结合校园二期规划，在沿校园界面的大沙河西部河湾处设置河湾湿地、亲水平台等景观节点。在校园山水景观与大沙河的贯通上，沿大沙河界面开辟若干进入大沙河景观廊的入口通道和停驻节点，提高校园与大沙河的景观联系度。

3）一环：溪流花园环

溪流花园环为校园内的山水景观廊道与校园南侧大沙河界面连接而形成的环状景观。溪流花园环以校园内的山形水系和自然汇水系统为基础，环绕校园中心地带，连接大沙河而成，具备景观游赏、调节生态、疏导雨洪的功能。溪流花园环

图 7-4　学术天街
来源：中国城市规划设计研究院提供。

作为整合校园内部生态景观的主要生态景观内环，串联了一系列尺度多样的雨水花园、生态草沟、湖水溪涧等生态景观场所，使校园内的生态景观更具系统性和连通性，并且构建起多级、连续的自然净化系统。在这条溪流花园环上，设计进一步结合两侧建筑功能，延伸出多样的以水为主题的景观，供师生聚会、亲水、游乐、休息、思考，塑造不同形态、活动和表情的溪流花园区段（图 7-6）。

图 7-5　自然山水廊
来源：中国城市规划设计研究院提供。

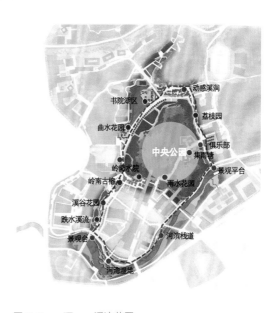

图 7-6　一环——溪流花园
来源：中国城市规划设计研究院提供。

7.1.2 功能分区

1. 功能布局原则

在南方科技大学一期的建设工程中，已经完成了部分教学楼和宿舍楼的建设，在二期校园规划的功能分区上，规划由总体规划设计策略出发，结合一期已建成空间，在二期规划中对校园空间进行整合。校园功能布局原则上由大至小，由系统到细节补充，对校园内空间进行了全方面的规划，从校园整体格局划分，到校园内的功能单元营造，再到功能单元之间系统性的联系以及最后对校园内的细节空间进行织补，总体而言可以概括为以下四个方面。

1）格局：实施集约紧凑发展

结合南方科技大学校内的山形地貌及大规模被保护的斑块化的山体绿地对校园空间的划分，校园内功能布局采取了集约紧凑发展的总体格局。在保留校园内大片绿地、山体现状格局的基础上，对校园内的绿地布局进行梳理，以构建连续的绿色生态系统。对于由生态斑块划分出的可建设场地，采取集约组团的方式组织教学、科研、生活空间，以加强可利用地块之间的紧凑性，提高土地利用效率。

2）单元：营造高标准的学科社区

在总体格局已定的基础上，对校内可建设空间进行单元性划分。单元化的划分一方面可以较好地适应校园山地环境，同时可以结合学科特色进行划分，创建顺应自然、鼓励合作交流的学科社区。

3）系统：组织网络化的公共空间

空间系统性的原则具体体现在校园内的公共空间中，单元化的学科社区组团需要网络化的外部公共空间进行组织以避免学科单元被孤立或不易到达。在系统性的设计原则下，校园内各单元组团间应有良好的、易识别的动线网络；在单元组团与生态斑块之间应形成有机的交互关系。

4）技术：建设绿色生态校园

校园北靠阳台山，南邻大沙河，校园内应采用低冲击开发的方式，尽可能提升校园内部和周边的生态质量。校园功能布局细节处需要用技术进行辅助和织补，保障校园建成后低碳生态系统的可持续发展。

2. 功能分区

在上述功能布局的指导原则下，南方科技大学校内功能格局可以大致划分为三类区域：教学区、公共中心区和生活区（图7-7）。在总体格局中，公共中心区位于生活区和教学区之间，对两地进行连接，可以较好地服务于上下学的师生，实现校园内主要人流通道与开敞活跃的公共空间环境集约建设。同时，除公共中心外，教学区和生活区的地块都较为规整，各自地形地块与其中具有功能特征的建筑形态相适应，实现对土地的高效利用。在此格局下，各个功能区域内可以进一步进行小功能单元的划分。

1）教学区

教学区主要位于校园的南侧，少部分位于校园的北侧，均处于校园外围部分，实现与城市交通的便利连接。教学区是校园内师生开展教学、科研、交流活动的重要场所（图7-8）。

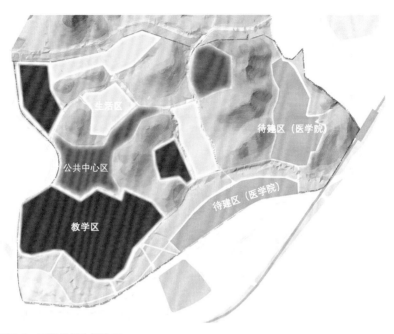

图 7-7　二期规划功能分区
来源：中国城市规划设计研究院提供。

图例：
● 远期建设项目；
○ 二期项目；
● 一期项目；
● 一期续建项目
❶ C 栋实验楼
❷ B 栋实验楼
① 行政楼
② 一期图书馆
③ 第二教学楼
④ 检测中心
⑤ 第一教学楼
⑥ 第二科研楼
⑦ 第一科研楼
● 国际交流中心
① 会堂
② 人文轴线
③ 理学院
④ 主入口与中央大草坪
⑤ 商学院 / 创新创业学院
⑥ 公共教学楼
⑦ 岭南水街
⑧ 溪流花园
⑫ 工学院
⑯ 学术交流中心
⑰ 人文社科学院

图 7-8　教学区
来源：中国城市规划设计研究院提供。

教学区的建筑整体呈现单元化的划分方式，形成组织性较强的学科、教学组团。从教学区的外部可以看出顺应校园地形的连续外部空间，这些空间将各个教学单元组织为连续的功能板块，同时串联起教学单元内大小不一、层次丰富的院落空间，构建起连续的教学空间群组。系统化的教学空间组织方式缝合起教学功能与生态自然，为在校师生提供了便利的出行条件和良好的学习交流场所。

2）公共中心区

公共中心区位于校园中部，连接北部的生活区和南部的教学区，能更好地为两侧师生量较大的场所提供便捷的服务。二期的公共中心区在一期已建成的中心食堂、学生中心和运动场设施的基础上，新增了南方科技大学中心、图书馆、校友俱乐部、博物馆、岭南水街等公共场所，进一步强化中心区的公共性以及功能的混合，激发校园活力。此外，校园内的自然山水廊穿公共中心区而过，为公共中心区提供了层次丰富的外部景观环境以及便捷和多样的交通出行方式。这一区域场所将为在校师生提供餐饮、运动、休闲、商业、文化、交流等公共服务功能，是集合了正式交流与非正式交流的公共服务综合体（图7-9）。

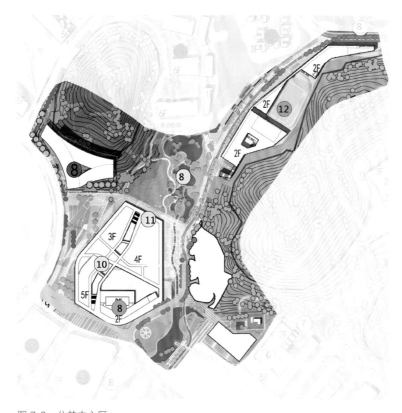

图例：
- ● 文博中心
- ⑧ 学生食堂
- ⑫ 风雨操场
- ⑧ 溪流花园
- ⑩ 南科大中心
- ⑪ 二期图书馆

图 7-9　公共中心区
来源：中国城市规划设计研究院提供。

3）生活区

生活区位于校园的北部，结合自然丘陵和湖泊溪涧设计。生活区的建筑功能包括了博士生宿舍、硕士生宿舍、本科生宿舍、图书馆、食堂、户外活动广场和后勤服务设施以及独具南方科技大学特色的书院活动空间等。在建筑的形态肌理上，二期宿舍延续了一期湖区书院的建筑肌理，通过院落的形式来围合外部空间，结合岭南园林特色设计院落景观，形成多层次、多主体的户外活动场所。为了加强各个学科学生的交流，充分发挥书院教学模式的特色，使学生更便捷地享受各项服务设施，二期宿舍结合深圳当地气候条件以及校园地形特点，设计了多标高、多层次的全天候步行系统，连接各项设施、各栋宿舍和书院活动空间，打造多维度的垂直书院，增强空间之间的有效连接（图 7-10）。

图例：
⑨ 湖畔公寓（书院宿舍区）
⑩ 九华精舍
⑧ 溪流花园
⑬ 餐饮中心
⑭ 博士生宿舍区
⑮ 本科宿舍区

图 7-10　生活区
来源：中国城市规划设计研究院提供。

7.2 道路交通规划

南方科技大学二期的道路交通规划是在一期建设和师生使用反馈的基础上，通过分析南方科技大学二期建设量和预留用地建设量的总和，评估校园内部的道路设计、交通组织、交通使用量，以及对城市道路供给和管理的需求，进而进行规划组织的，其目的是为校园整体发展提供支持。[①]

① 　中国城市规划设计研究院深圳分院．南方科技大学校园建设详细蓝图说明书 [Z]，2016.

7.2.1 车行交通规划

1. 机动车交通系统规划

交通规划是校园规划中的重点。前期师生需求调研显示，师生校内主要出行方式为步行结合公共交通系统，且对出行过程中道路的庇荫度、道路宽度、停车场所、人车分行及道路两侧商业购物与娱乐设施区有较大的关注度。^① 在此背景下，南方科技大学道路交通规划以体验性交通设计理念统领设计。

在二期道路建设中，优化了现状校园道路，强化了校园与外围道路、轨道站点的交通联系，形成校园主干道、次干道系统。其中，主干道分布在校园边界环线上，尽可能减少对校内慢行交通的干扰，其中包括校园外环路、规划三路、规划四路等道路，这些道路承担着衔接内部次要交通及交通分区和连接校园外部城市道路的作用。校园内的次干道为规划六路、规划二路等，作为校园内部各个交通分区之间的弱联系网络（图7-11）。

图 7-11　机动车交通系统规划图
来源：中国城市规划设计研究院提供。

1）交通分区

南方科技大学采用的交通分区的规划方式是指根据校园功能分区、不同人群的到达与离开的交通流向，结合校园出入口和校园内的车行道路路网组织交通分区。南方科技大学二期规划中，期望通过交通分区的方式使校外的车辆能够实现在靠近校门处就近停车，减少校园内部机动车的穿行，维护校园内的步行和骑行品质。

依据校园的功能、路网及校园出入口将校园分为六个交通分区，保证每个交通分区内

---

① 中国城市规划设计研究院．"酒窖"、地方性与校园规划——南科大二期校园设计回顾 [Z]，2021.

均覆盖有校门或易于到达校门的便捷道路，以减少机动车在校内的行驶距离，维护校内慢行交通（图 7-12）：交通一区服务于国际会议中心，与城市交通连接便利；交通二区服务于校内主要教学区，区域内以教师和学生为主，通过西校门和南校门与城市交通进行连接；交通三区服务于工学院、南科大中心及部分学生宿舍，内部功能较为综合，以西校门和西北校门实现校内外交通出入；交通四区以书院学生生活区为主，机动车使用情况较少，通过校园主干道与西北校门连接；交通五区有教工公寓、人文学院、学术交流中心，通过东校门便利该区域人群出入校园；交通六区为远期医学院用地的预留分区，该区域东南角规划有校园出入口。

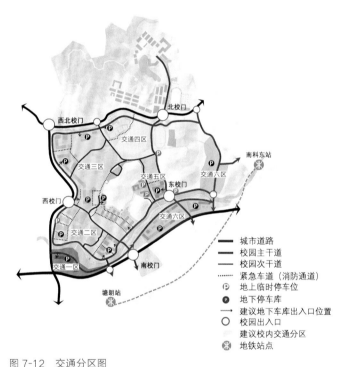

图 7-12　交通分区图
来源：中国城市规划设计研究院提供。

2）对外交通组织优化

校园内部交通组织与校园外部城市道路交通组织间的联系关系着校内师生出行的便利程度。在南方科技大学二期对外交通的规划中，考虑到校园北部待建的宿舍区，西北侧待建的工学院，校园东部预留的医学院用地，以及这些区域建成后将导致的西侧、北侧、东侧人流量、车流量的大幅度上升，因此在二期校园内部交通组织优化上，规划提出通过拓宽二线关路、增加东部出入口的方式，以应对可能出现增长的交通量，分散目前校园南侧出入学院大道的人流与车流，缓解交通拥堵的现象（图 7-13）。

2. 公共交通系统规划

根据二期规划前期调查，步行与校内巴士结合为校内师生出行的主要方式。从南方科技大学二期校园公共交通系统规划中，可以看出规划方案一方面着力于加强校内各交通区域的可达性，方便在校师生，另一方面也极力控制公共交通线路规划对校内慢行区域造成

图 7-13　对外交通关联图
来源：中国城市规划设计研究院提供。

的干扰。

南方科技大学目前共有三条校内公共交通系统，尽可能减少机动车对于校内步行、骑行师生的干扰。校内公共交通站点沿校园外环路设置，大多分布在各个教学楼、宿舍楼及行政楼靠近交叉路口的集散广场处（图7-14）。校园巴士站点设定在校园北区欣园，一方面将此作为起始站点以方便欣园学生出行，另一方面减少对校园主要区域空间风貌的影响。

1）线路一

校内公交线路一沿校园内人流量最大的规划八路设置，是校园内的巴士主线。校内公交线路一的起点为塘朗地铁站，沿途经过南校门，教学区的学术景观轴，西抵西校门。公交线路一沿途共设置南入口站、图书馆站、南科大中心站和西校门站四个站点，满足学生与城市连接的交通便利性以及校内学习的便利性。

2）线路二

校内公交线路二距离较长，沿规划一路、规划二路、规划三路和规划七路展开，形成围绕校园核心区域的公交环线。校内公交线路二在校外连接长岭陂站，校内连接北侧生活区、工学院、理学院、商学院等教学区以及校园中部南科大中心等公共服务区，将校园内生活、教学、休闲的功能板块相连接。在校内站点设置上，考虑到站点服务范围，以300 m为服务半径设置公交站点，具体位置上沿各个学院主要教学楼入口以及人流集散点就近设置。

3）线路三

校内公交线路三主要连接校园北侧的学生宿舍生活区，串联欣园、荔园、二期宿舍楼，最终抵达教学区。校内公交线路三沿规划一路、规划二路、规划三路设置，沿途共设置欣园、北校门、体育馆、宿舍区、工学院、西校门共六个站点。在校园未来的发展中，线路三可以起到连接校园二期与校园北部发展备用地和新增体育设施的作用。

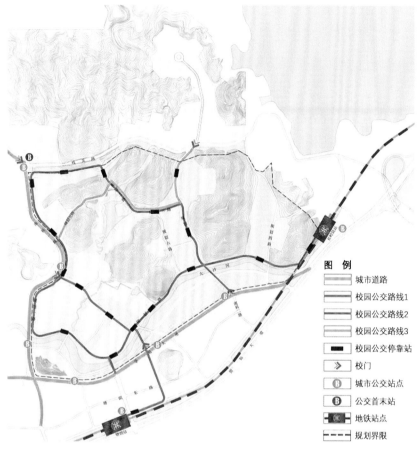

图 7-14　校内公交线路图
来源：中国城市规划设计研究院提供。

7.2.2 慢行系统规划

1. 骑行系统规划

公共自行车为师生共同的校园设施诉求，自行车出行为校内师生重要的出行方式之一。[①]
由于南方科技大学具有山地校园的地理特性，在校园内部自行车道的规划上充分考虑校内
道路的竖向条件，在校内便于骑行的道路上构建相对完整的自行车骑行网络。校内骑行的
道路主要连接宿舍区和教学区以及公共活动中心，同时还结合自然山水廊的自然景观，打
造便捷且多元的骑行体验（图 7-15）。

校内自行车的停放点结合校园内部各个学科组团、校内宿舍以及校园出入口处布置，
这些自行车停放点分布在各个交通区的外围，提供便利的自行车停放条件，减少校内自行
车乱停，保障师生多种方式出行。

---

① 中国城市规划设计研究院．"酒窖"、地方性与校园规划——南科大二期校园设计回顾 [Z]，2021.

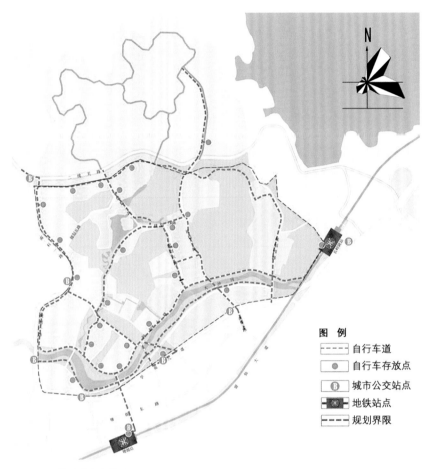

图 7-15　校内自行车线路图
来源：中国城市规划设计研究院提供。

2. 步行系统规划

尽管步行是校园师生的主要出行方式之一，但一期校园内的步行环境还存在缺少荫庇、步行道路较为狭窄的问题。[①]因此，南方科技大学二期校园步行系统规划从全天候出行便利、交往和服务设施便利以及加强步行体验三个维度出发。最终结合校内空间结构和功能，从全天候慢行步行系统、学术天街、马拉松健步道三个方面回应上述三方面的考虑（图7-16）。

1）全天候慢行步行系统规划

全天候慢行步行系统以网状的形式覆盖整个校园，以校园内的机动车道路网络为依托进行构建，在机动车路网的基础上，结合校内的景观轴、溪流花园、重要的公共设施以及各个学科单元进一步延伸全天候慢行步行系统网络，以更好地覆盖整个校园。在步行舒适度上，规划根据各步行道路人流量及人群行为特征对道路宽度细节进行调整，保证道路宽度充足，道路系统完整独立，避免人车交叉相互干扰的情况。结合深圳的多雨气候特点，在部分道路设置遮阳避雨的雨棚，构建独具岭南气候特色的风雨长廊。

---

① 中国城市规划设计研究院．"酒窖"、地方性与校园规划——南科大二期校园设计回顾 [Z]，2021.

图 7-16　校内步行系统规划图
来源：中国城市规划设计研究院提供。

2）学术天街

学术天街位于校园西侧，沿南科一路呈南北方向展开。在校园的功能定位上，这是一条校园内主要的学术性步行廊道系统。[1] 由于学术天街连接工学院、南科大中心和各类一期教学楼，同时期北侧终点临近学生宿舍，因此该步行廊道具有交通出行、沟通交往等多种功能。

结合南方科技大学山地校园的空间条件，学术天街的设计以校内高差为基础，以校园建筑为触媒点，在重要人流汇集点处的外部空间设置层次丰富的小型广场，建筑一层设置咖啡餐饮等功能，促进校园内的交流氛围。

3. 马拉松健步道

微型马拉松健步道围绕校园外环路而设，总长约 4.5 km。在校园未来的发展中，将进一步整理二线关北部的山体植被，建设南科大郊野公园，并将健步道延伸至郊野公园内部，形成总长 7 km 的步道。[2]

----

① 中国城市规划设计研究院深圳分院. 南方科技大学校园建设详细蓝图说明书 [Z]，2016.
② 深圳市朗程师地域规划设计有限公司. 生长中的校园景观——南科大二期校园设计回顾 [Z]，2021.

7.3 景观规划

7.3.1 景观结构

1. 景观规划理念

景观规划理念回应南方科技大学校园规划中协同创新、可能性、新岭南和可持续的规划原则，提出构建鼓励多样活动、促进思想交流、满足不同人群需求及满足未来弹性发展的景观设计理念。[②]在上述设计理念中，未来弹性发展与人文关怀是校园内所有景观设计的出发点，具体体现在校园内景观组织的系统性上，每一处景观单元作为独立的景观个体，从校园景观规划层面上看又能呈现出统筹下的系统性，由此发挥出更积极的生态作用。

2. 景观规划结构

基于景观设计理念的出发点，结合南方科技大学独具的山地环境，南方科技大学的校园总体景观结构呈现出以自然山水廊、学术主轴、人文景观轴为主的三条景观通廊奠定校园景观基调，以溪流花园环整合校内点状景观。在点状和片状的景观处理上，规划结合各功能区块的地理现状设计了以"台、庭、丘、榕"等各个不同主题的景观空间节点（图7-17）。

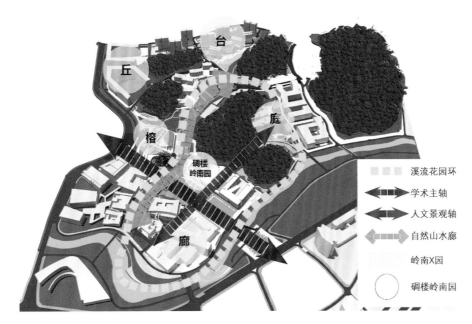

图 7-17　二期景观结构图
来源：中国城市规划设计研究院提供底图，作者改绘。

7.3.2 景观功能系统及节点规划

山地是南方科技大学的地形特色，校园内存在紫线保护山体，因此整合由校园内不可建设山体划分后的空间，保证校园景观空间具有系统性，存在一定挑战。

　　在南方科技大学的景观规划中，规划方案以构建山地公园系统的方式化解校内山丘带来的空间分割问题；以校园内三条景观轴线打开景观视野，构建校内景观绿廊；在各个完整建设地块中因势而建各类主题的岭南 X 园作为小型学科社区的开放节点，构筑独具功能特色的开放空间场所；最后整合校内顺应地形的溪涧、湖水与校外的大沙河创建出溪流花园环系统，使校内景观空间成为一个路径连续的闭环，并创造出更多潜在的景观触发点。基于以上规划设计，南方科技大学校园内景观呈现出系统性、可生长性及生态性。

1. 山地公园系统

　　结合校园内部的山体丘陵打造主题多样的山地公园系统（图 7-18），为师生提供丰富多元的生态体验、运动休闲和游憩场所，最大限度地加强师生和自然景观之间的接触，主要包括岭南植物园、运动公园、纪念公园、体育公园和沙河绿带公园。[1]

　　岭南植物园位于校园北部和东部，如图 7-18 中 1、5 所示区域。岭南植物园中原生树种为荔枝树，在保护原生荔枝林的基础上，辅以具有岭南特色的植物进行规模化种植，以期形成一个兼具景观性、地域性和生态性的大型岭南植物园。[1]

　　运动公园位于校园西北侧生活区山林处，如图 7-18 中 2 所示区域。此处山林靠近连接校园宿舍区和工学楼教学区，拟规划山地步行道、山地自行车道和山地拓展园。[1]

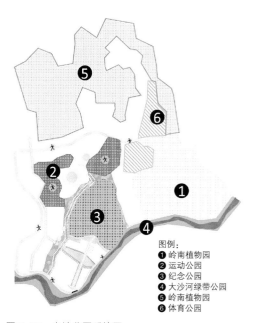

图例：
❶ 岭南植物园
❷ 运动公园
❸ 纪念公园
❹ 大沙河绿带公园
❺ 岭南植物园
❻ 体育公园

图 7-18　山地公园系统图
来源：中国城市规划设计研究院提供。

　　体育公园位于校园北部，是一处具有较大规模的体育运动场所，如图 7-18 中 6 所示区域。体育公园连接了校园二线关路以北的欣园宿舍和二线关路以南的本科、硕士、博士宿舍，能较好的服务于多个区域宿舍学生的锻炼需求。目前，体育公园已完成篮球场、网球场等运动设施与场地的建设。

　　纪念公园位于校园中部，靠近南科大中心，如图 7-18 中 3 所示区域。纪念公园所在的场地是南方科技大学建校前原住民村落所在区域，具有较多的人文历史资源，目前场地内仍保留有古榕树和村落碉楼建筑。

　　大沙河绿带公园位于校园南侧与城市界面交接处，是一条带状的生态公园，如图 7-18 中 4 所示区域。大沙河绿带公园的设计将结合城市对于大沙河治理展开，力图打造集步行、骑行和景观游赏等多种功能复合的生态廊道。

2. 景观绿廊

　　校园学术主轴、人文景观轴、自然山水廊形成两纵一横的景观绿廊系统，构建了校园

---

①　中国城市规划设计研究院深圳分院. 南方科技大学校园建设详细蓝图说明书 [Z]，2016.

内的景观格局，并连接了各个功能区块。

校园主轴绿廊宽度设计在 55~80 m 范围内[①]，以开敞的空间营造校园内的礼仪轴线。校园学术主轴中部为大草坪，草坪两侧辅以行道树，大草坪两侧设置带状广场，呈现出开敞的景观绿廊。校园学术主轴靠近教学楼的区域种植大量树木，为师生提供绿荫，同时该区域结合教学楼内部的岭南 X 园，构建起轴线上层次丰富的空间节奏。

人文景观轴宽度设计在 20~50 m 范围内[①]，营造更有亲和感的交往氛围。人文景观轴两侧为教学功能建筑，建筑空间形式采取院落、廊道组织的方式，结合廊道两侧的教学、实验功能，景观轴线在景观氛围的塑造上突出了静谧的环境特征。轴线上的植物采取规模化的种植方式，创造了大量的树荫。该轴线在设施上选用更加古朴的材质和形式，烘托出具有岭南特色和书院氛围的人文自然景观。

自然山水廊宽度设计在 20~80 m 范围内[①]，突出现状的景观活动带的特征。结合校园规划设计的湿地公园和溪涧水系设置亲水步道、自行车道和健步道，形成体验丰富多样的慢行系统。

3. 溪流花园环

溪流花园环宽约 10~60 m，总长约 2.5 km[②]，是一个以水为主题，集丰富的湿地种植景观、慢行系统、休闲系统于一体的校园生态环（图 7-19）。溪流花园环中包括了雨水花园、溪涧、人工湖、大沙河等水体资源，围绕水体资源，结合溪流花园周边建筑功能延伸出了一系列主题公园节点，如大沙河河湾公园、南科大中心旁的湿地公园、校园内的湖畔书院、宿舍区的雨水花园和沿湖步道等（图 7-20）。这些节点一方面具有调节校园生态的作用，同时也作为校内生态设计的展示区，起到科普教育的作用，结合溪流花园环上的景观节点，有利于进一步服务于周边的建筑群，为在校师生提供良好的学术交流和休闲娱乐的场所。

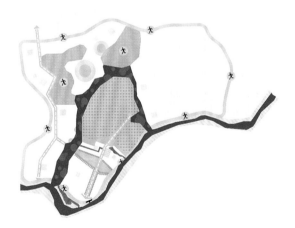

图 7-19 溪流花园图
来源：中国城市规划设计研究院提供。

---

① 中国城市规划设计研究院深圳分院. 南方科技大学校园建设详细蓝图说明书 [Z]，2016.
② 中国城市规划设计研究院深圳分院. 南方科技大学校园建设详细蓝图说明书 [Z]，2016.

图 7-20　溪流花园周边主题公园节点
来源：作者自摄。

4. 岭南 X 园

岭南 X 园是独具南方科技大学书院办学特色和地域特色的景观系统。校园内学科社区、生活组团以院、廊的空间形式进行组织，形成了建筑内或建筑与建筑之间的院落格局。

院落的总体风格采取了岭南园林、庭院建筑的布局和造景方法，不同功能的院落之间可以结合各自需求自由发挥。例如，不同的学科将赋予院落不同的人文气韵，以创造更具有学科风格、促进学科认同感的学科院落环境。这些独具岭南特色的建筑开放空间中将有产生正式和非正式交流活动的无限可能，以支持在校师生获得更为多样和便捷的交流环境。在生活区的书院建筑组团内，根据相应的功能进行调整。例如，增设学生社团活动、观演活动的场所或是结合书院特色课程或活动的集会交流场所等。

7.3.3 可持续景观规划——雨水与溪流系统

南方科技大学北靠阳台山，南邻大沙河，校园内部标高复杂但总体呈现自北向南海拔逐渐降低的趋势。由于校园复杂的地形地貌，在南方科技大学一期校园建成后出现了校园内低洼处因雨水无法及时疏通而引起的校内洪涝灾害的情况。[①] 在校园二期的雨水于溪流系统规划中，规划方案结合校园地形地貌，以"山涧汇水、山谷聚水、谷底成溪"的方式建立生态汇水系统，进一步优化协调校园内雨洪的蓄滞和排放。

校园内雨水与溪流的生态汇水系统包括自然山水廊、溪流花园环、校内生态湿地等。收集到的雨水作为校内人工湖的自然水源或者供应校园内湿地、生态草沟和溪流以及补充校内雨水蓄水池，实现校内雨水利用和景观的可持续发展（图 7-21）。

在结合校内地形地势划分出校园汇水系统框架的基础上，围绕汇水系统选择建设用地，构建校园内部微单元。汇水微单元具体体现为各个建筑组团中院落形成的集水型建筑花园，也是各个建筑组团中独具特色的岭南 X 院（图 7-22）。校园内的雨水与溪流系统构建成一个集线状排水和片状集水为一体的雨水管理网络（图 7-23）。

校园内可持续的景观设计不仅实现自然环境与校园环境的有机结合，还通过观察和介入的景观及装置向师生传达可持续的发展理念。在南方科技大学二期校园可持续景观规划中，规划团队提出将雨水设施可视化、将场地内原有的排水沟渠改造为溪流景观的规划方案，以达到科普教育和示范作用。

---

① 　中国城市规划设计研究院．"酒窖"、地方性与校园规划——南科大二期校园设计回顾 [Z]，2021．

图 7-21　水系规划及雨水流向图
来源：深圳市朗程师地域规划设计有限公司提供。

图 7-22　岭南 X 园中的集水型花园
来源：作者自摄。

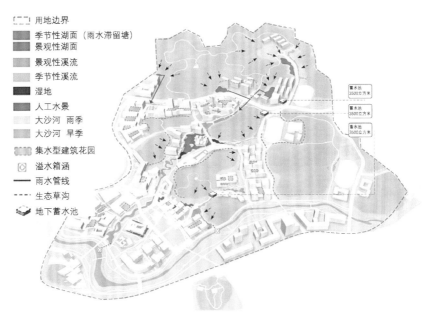

图 7-23　雨水与溪流景观规划图
来源：深圳市朗程师地域规划设计有限公司提供。

7.4 校园空间形态规划

7.4.1 校园空间形态规划理念

南方科技大学建校区域的前身为岭南古村落，位于阳台山和塘朗山相交处，校园建设场地具有标高复杂的山地地貌特征。校园空间形态影响着在校师生对校园文化和场地文化的感知，影响着在校师生的出行体验和对校园文化的认同感。

南方科技大学依托校园独特的地貌和区域范围内岭南文化的浸润，在校园空间形态组织上选择以突出场地信息和传承岭南文化为设计出发点，对校园空间进行规划，具体体现为以下两点。

1. 塑造融于山水的山地校园

在校园外部空间上，充分利用校园内保留的山形地貌，以漫步于自然山林中的体验为目标，对校园外部空间进行组织。这其中考虑到了对校内各个功能单元的易识别性，对各个功能单元之间的易达性，对开放空间中绿色环境可视性的组织和校内慢性网络的规划。

2. 塑造新岭南建筑风貌

在校园建筑空间形态上，发挥南方科技大学所在区域岭南文化的优势，运用岭南建筑的设计特征对于校内建筑空间、比例进行地域化的设计。以合理的建筑尺度和独特的建筑风貌，塑造现代感与地域感相结合的校园建筑空间风貌。

7.4.2 建筑视线与高度规划——融于山水的校园

1. 视线规划

南方科技大学校园内浅丘绵延，校园地形总体呈现出北高南低的特点。此外，由于校园内发现商代遗址，部分区域属于紫线保护区域，不可进行建设，因此校园内部保留多座不可被开发建设的小山丘，由此也构成了集"山、岭、丘、谷"等多样山地地形于一体的校园地貌特征。校园内的山体，一方面有利于校园内生态系统的发展和维护，有利于营造更具自然风貌的校园景观特征；另一方面也带来了为适应地形、形成独具特色的校园内空间形态规划的挑战。

视线规划作为校园空间规划的一种，影响着对校园内空间的识别。南方科技大学二期校园视线规划中，重点研究了山体和建筑之间的高度关系，以期构建良好的校园视线通廊，构建易于识别，具有良好自然、人文交融关系的校园。结合校内的小山丘与校外的远山边界，二期规划中提出了以"近山、远山"为依据的两种视线控制方案。远山作为整个南方科技大学的背景山体，对校园整体建筑天际线形成约束，近山作为校内远眺景观的标志性识别山体，对校内生态视廊进行划定，远山近山相互映衬，从视线上构建出融于山水间的校园风貌（图 7-24）。

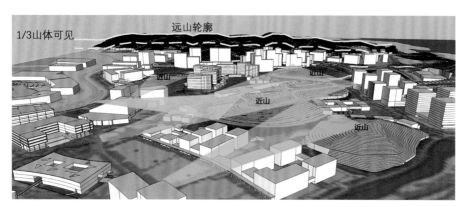

图 7-24　视线分析图
来源：中国城市规划设计研究院提供。

1）远山：校外天际轮廓线

南方科技大学北部的远山作为校园的天际轮廓线，被视为校园内的天然背景。校园建筑顺应山形地势，由南到北建筑高度依次递增，创建出丰富的高度层次。此外，为了保护校园内的自然视线通廊，在工学院、博士宿舍、本科宿舍组团之间设置了自然渗透空间（图 7-25），保证师生在校园内行走的过程中可以与自然环境由连续的视觉关联。远山作为整个校园的生态远景，其轮廓线穿插在校园建筑空隙间，构成了赋予韵律感和丰富性的校园轮廓风貌。

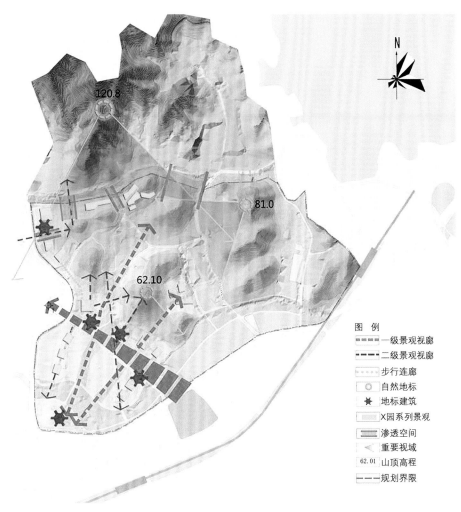

图 7-25　视廊分析图
来源：中国城市规划设计研究院提供。

2）近山：校内标志性识别山体

南方科技大学二期规划中，共识别了四座重要的校内山体作为景观远眺的对象[1]，这些山体基本位于校园中部，教学楼与宿舍楼之间的区域。为了增强校园内部如置身自然山水间的感受，规划中预设了三条一级景观视廊、五条二级景观视廊[1]（图 7-25）。在视廊的范围内，对规划建筑的位置和高度进行控制，保障近山景观在校园内的渗透性以及景观视廊的开敞度（图 7-26）。

2. 建筑高度规划

校园内建筑顺应山形地势，由南到北高度逐渐增加。校内建筑高度的规划策略大致可以分为四个方面的着力点，校园紧邻山体的建筑、校园内的标志性建筑、校园内出入口附近的建筑和校园内主轴线两侧的建筑（图 7-27）。

---

[1]　中国城市规划设计研究院深圳分院. 南方科技大学校园建设详细蓝图说明书 [Z]，2016.

图 7-26 校园内开敞的山景景观视廊
来源：作者自摄。

图例

■ 80m以下
■ 60m以下
■ 45m以下
■ 30m以下
■ 18m以下
□ 渗透空间

图 7-27 建筑高度规划图
来源：中国城市规划设计研究院提供。

对于校园内紧邻山体的建筑，采取由南向北逐渐增高的设计方式，其中校园中部如人文学院、国学院的研究所等，由于紧邻校园内部紫线保护山体公园，因此在高度上控制在18 m 以下；[1] 对于校园北部的工学院、宿舍区等紧靠远山山体的建筑，为了与远山的背景屏障呼应但不造成太多的遮挡，建筑高度控制在 60 m 和 80 m 以下。[1]

对于校园内的标识性建筑如南科大中心建筑，由于其位于校园中部公共交流场所，紧邻校园自然山水廊道和学术天街，为了在竖向和横向上营造更亲和的交流氛围，建筑高度控制在 45 m 以下；[1] 而对于位于校园西南角的南科大会议中心，由于此处建筑作为校园面向城市的界面，因此建筑高度相对较高，以使其在城市的建筑界面中具有较强的标志性。

对于校园内开敞景观轴线两侧的建筑，例如校园学术景观轴两侧的教学楼，高度在30 m 以下[2]，使得主轴线上的视线尽可能开敞，体现出校园大草坪主轴的礼仪性空间效果。对于校园出入口附近的建筑，则适当提高它们的高度，以突出校园入口的标识性。

结合校园内建筑的高度变化，校园西面、南面沿城市道路的界面高度变化更加丰富，校园内部的屋顶界面也更加富有变化层次。

7.4.3 建筑空间特色规划——转译传统的校园

1. 空间形态概念

岭南建筑以其特有的文化包容性和气候适应特点而自成一体。在许多岭南地区现代建筑的演绎之中，仍然可以看出独具传统岭南建筑特征的形式、空间和肌理，且以一种具有时代创新性的风貌出现。南方科技大学作为一所以书院为特色办学制度的现代化高校，同样实现了对于中国传统文化制度的现代化转译，岭南建筑历久弥新的特征与南方科技大学延续传统文化生命力的文化目标不谋而合。

南方科技大学以岭南建筑特有的气质风貌作为设计出发点，结合现代教学、生活、活动建筑所需的功能和风貌进行演变，辅以现代的技术、材料，以塑造现代与传统的融合、富有传统文化生命力的新岭南校园特色空间。

最终结合岭南建筑特征和校园内地形地貌特征，提出两大需要着力体现的校园空间特色。第一是"廊—轴—院"相结合的基本空间形态特征，第二是因势而为、顺应地形、疏密有致的特色山地建筑空间（图 7-28）。

这两大校园建筑空间特色可以从校园建筑空间、校园建筑语言和校园建筑丰富性三方面切入进行考虑。

1）建筑空间：岭南院落空间

在建筑空间上，充分发挥岭南建筑院落空间的组织特征，对校园内的建筑进行设计，创建以"岭南 X 园"为主题的系统性的校园院落空间。此外，结合岭南地区的气候环境，以连廊、冷巷、底层架空等设计手法进行空间组织，形成层次丰富的灰空间，创造通透、便利的校园环境。

① 中国城市规划设计研究院深圳分院. 南方科技大学校园建设详细蓝图说明书 [Z]，2016.
② 中国城市规划设计研究院深圳分院. 南方科技大学校园建设详细蓝图说明书 [Z]，2016.

图 7-28　特色空间形态图
来源：中国城市规划设计研究院提供。

2）建筑语言：传统语言现代化转译

在建筑语言上，避免符号化的元素移植，以传统岭南建筑的色彩、材质、肌理为灵感源泉，在现代的材质和技术基础上进行时代性的设计，传承岭南建筑风格的精神气韵。

3）建筑丰富性：多家招标，集思广益

在建筑丰富性上，一方面要求建筑风格具有学科特色或功能特色，另一方面，校园内的建筑采用独立招标的方式，集合多家设计公司的设计智慧，挑选最适合具体项目气质并且复合校园风貌的建筑方案，为校园注入个性和活力。

2. 空间形态设计

建筑空间形态设计在满足校园特色空间形态规划需求的基础上，通过彰显建筑个性和建筑功能特征的设计方式，为校园内营造更丰富多样、具有识别性的建筑环境。

1）教学建筑

校园内的教学建筑包括各个院系的教学楼、科研楼和公共教学楼。教学楼的建筑层数一般都在4~6层，色彩一般以白色为主，少部分院系楼较为特殊，采取了更具有院系特征的设计方式，如人文学院对于中国传统建筑风貌和空间进行了更具符号性的表达。大部分教学楼贯彻"廊—轴—院"的建筑空间组织形态，强化建筑内部园林景观和建筑外部自然山水景观的结合，并运用架空、风雨廊等设计方式增强建筑界面的互动性，创建层次丰富、大气简洁、富有传统建筑特征的现代建筑风格。

2）公共服务建筑

校园内的公共服务建筑主要包括图书馆、南科大中心、体育馆等建筑。公共服务区的建筑作为学校内的标志性建筑，在色彩和形式的设计上都更具有独创性和特征性，强调具有更高的识别度和校园文化的代表性。例如，南科大中心在建筑色彩上选用了橙色和白色结合的方式，橙色作为校园标志性色彩的一种，彰显了南科大中心的独特地位以及南科大中心所呈现出的活力进取、敢于创新的校园文化精神。

3）书院建筑

南方科技大学的学生宿舍是书院建筑，以中高层建筑为主。学生宿舍作为学生生活、休闲、学习的场所，在其空间形态上尤其能够体现出传统书院院落的格局和依山就势、因地制宜的建设观念，这样的空间更有助于促进学生接触自然和相互交流，成为具有特色的山地集合式建筑。

7.5 校园人文规划

7.5.1 历史文化的传承与发展

南方科技大学校园所在场地本身具有丰富的历史人文内涵，校园场地原址不仅是福光、田寮、长源三个为数不多的本地人居住的古村落，同时校园内屋背岭的小山中发现的商代遗址获评中国十大考古新发现，这些历史遗迹在南方科技大学校园内被保护与传承（图7-29）。

图7-29　校园人文自然遗存
来源：中国城市规划设计研究院提供。

1. 村落历史与传承

南方科技大学的校址前身为福光、田寮、长源三个村落，其中福光村下辖的福光、福林、杨屋三个自然村落为南方科技大学主要建设区域，这几个村落也拥有着极其丰富的历史文化底蕴。

在抗日战争时期，日军占领南山时，国军和共产党游击队曾驻扎于福光村。村民为保护国军和共产党游击队及避免自身财产遭到日军掠夺，曾在后山设立瞭望哨。解放战争时期，为了保护被搜捕的解放军，村民也曾暗里给解放军伤员送饭并帮助他们躲避国军的搜捕。中华人民共和国成立后，村民在此过着自给自足的生活，其中种植于山坡上的荔枝林也是村民们获取收入的方式之一。

如今新校园的建设使得场地焕然一新，但与此同时，校园中仍然保存着部分历史场所，向校园的师生讲述着过往的故事。

福光村北部曾有一座碉楼，相传为民国时期村中乡绅谢家天为保护财产而建造，村里人也称其为避世楼。这栋碉楼在校园内被完整地保存（图7-30），其前有一个小型的纪念广场，作为师生集聚的活动场所。尽管碉楼目前属于危险建筑，并被高台和围栏圈隔起来，但学校正积极地思考碉楼的修缮和保护方案，期望其在传承场地信息和校园历史中发挥更大的作用。目前，规划在此建设"风雅颂"传统文化实景教育基地。

图7-30　碉楼
来源：作者自摄。

村落中原有的树木也被部分保留，其中最重要的为两颗百年榕树（图7-31）。围绕这两颗榕树，规划师在它们旁边分别建设了南科大中心和南科大榕树广场，两颗百年榕树转变为校园中心活动区的景观标志物，传承村落过去的记忆，见证南科大的未来。

图 7-31　校园内的百年榕树
来源：作者自摄。

　　荔枝林原为村民们种植谋生的场所，在校园规划中，荔枝林被规划为山地公园系统中的景观节点之一。荔枝林山下开辟了溪流和池塘，荔枝林山间的树木被保留。此外，设计师还围绕荔枝林设计了盘山而上的山间漫步廊道。如今荔枝林已成为师生游步寄志、游目骋怀的休闲之地（图 7-32）。

图 7-32　荔枝林中的廊道
来源：作者自摄。

2. 商代考古遗址

　　南方科技大学校园地下藏有全国罕见、保护完整的广东深圳屋背岭商代遗址，这是广东目前发现的最大的商代墓葬群，被评为"2021 全国十大考古发现"之一。此处出土的文物带有中原文化的痕迹，同时也呈现出显著的岭南文化特点，体现了商代岭南地区的特色文化。

由于商代遗址区域属于紫线保护范围，学校并不能对其进行开发和建设，因此，这些地块在校园内仍然以山林和草坪的形式被完整地保存（图 7-33）。

图 7-33　商代遗址保护区
来源：作者自摄。

7.5.2 校园新文化的孕育与发扬

作为一所 2010 年建校的国家高等教育综合改革试验校，南方科技大学在校园人文环境的构建中也积极地传达着校园所主张的"明德求是，日新自强"的校园文化精神及"中国特色社会主义大学范例"的建设目标。

南科大的校园人文设施在材质色彩的使用上有着统一的配色标准，以南科大橙为主，以南科大墨绿和南科大天青为辅助颜色。其中，橙色象征着初升朝阳，是生机勃勃、蓬勃向上的色彩，反映了校园自强不息、向世界一流大学看齐的目标；天青色取自于汝窑瓷釉，是中国传统审美文化崇尚的色彩，反映了南科大做中国特色社会主义大学范例的目标；墨绿色融合了黑色的沉稳和绿色的和谐与健康，反映了师生激昂青春的同时也具有国家担当的精神面貌。[1]

除了颜色的控制，为了与校园具有中国特色的书院制办学理念相呼应，南科大对于校园内地点的命名和字体等细节设计也十分关注。校内许多地点均采用了具有隐喻意味的古

---

[1]　南方科技大学 . 0503- 南方科技大学 VIS 转曲（A 部分）[EB/OL].https：//www.sustech.edu.cn/zh/school_logo.html.

代书院式的命名方式，在标识物字体的选择上也十分考究，常采用毛笔书法字体，以体现学校具有中国特色的书院制办学理念。

1. 设施及景观小品

1）装饰性小品

校园内的观赏性小品可以分为反映校园文化精神和纯装饰性的观赏小品两大类。反映校园文化的小品包括立方形雕塑、校园合影框、校训立牌以及校训石等。立方形雕塑、校园合影框以及校训立牌大部分分布在学生宿舍区域和体育活动区域的广场及草坪上，在色彩上多使用南科大橙，以宣传和塑造充满活力、蓬勃进取的校园文化（图 7-34）。校训石则放置在南科大活动中心前（图 7-35），此处主要是领导办公和接待校外领导的地方，因此校训石的使用更凸显了校园沉稳严肃的一面。

图 7-34　宿舍及活动区的校园文化观赏小品
来源：作者自摄。

图 7-35　南科大活动中心前的校训石
来源：作者自摄。

观赏性的小品主要是一些人物和动物的装饰小品。人物小品以校园学习为主题，动物装饰小品以动物的趣味活动为主题。这些小品主要分布于活动中心的中庭（图 7-36）之中以及湖畔及草坪上（图 7-37），起到了一定的装饰性作用。

图7-36　南科大活动中心中庭的人物小品
来源：作者自摄。

图7-37　南科大湖畔及草坪上的动物小品
来源：作者自摄。

2）实用性设施

南方科技大学校园在室外布置的实用性设施促进了师生交流，传达了校园的人文精神。实用性设施分为公交车站和室外桌椅两大类。

公交车站按照公交车的线路站点布置。车站包括了雨棚和座位设施，展示栏中有对于公交线路和地点的提示，宣传栏上展示了校园内的活动信息（图7-38）。室外桌椅的布置地点较广，包括沿湖岸边、宿舍楼间、教学楼间的庭院以及山间廊道（图7-39），桌椅为学生之间的交流和自然景观的欣赏提供了便利。

图 7-38　校园内的公交车站
来源：作者自摄。

图 7-39　校园内的桌椅设施
来源：作者自摄。

3）其他细节设计

南方科技大学在校园内部分地面铺装上铭刻了校园名称或经典诗句。例如，在校园大草坪两侧树木的沥水箅子上采用了南科大英文名称的图形（图7-40），在南科大活动中心的地面上铭刻了经典诗句（图7-41）。这些地面铺装的设计对营造校园风貌和构建校园人文氛围起到了促进作用。

图 7-40　校园大草坪两侧树木的沥水箅子
来源：作者自摄。

图 7-41　活动中心的地面
来源：作者自摄。

2. 标识物

良好和完善的标识系统有利于师生掌握校园的全貌，有利于增强人们对于校园人文氛围的感受。校园内的标识物可以分为交通类、地点定位类、警告提示类和活动互动类四种。它们的颜色同样以南科大橙为主，通过颜色的运用使得校内的标识物风格更为统一，橙色的使用也从视觉上传达了校园的活力和校园文化的独特性。

校园内交通设施类标识物包括道路提示、交通站点提示等（图7-42）。

图 7-42　交通设施类标识
来源：作者自摄。

　　地点定位类标识物包括地点定位，如校园内荔园宿舍位置提示以及景观地点提示等（图7-43）；包括建筑内的平面指引，如体育馆内的平面图提示以及校园中表示周围地点信息的指示牌（图7-44）。

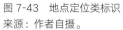
图 7-43　地点定位类标识
来源：作者自摄。

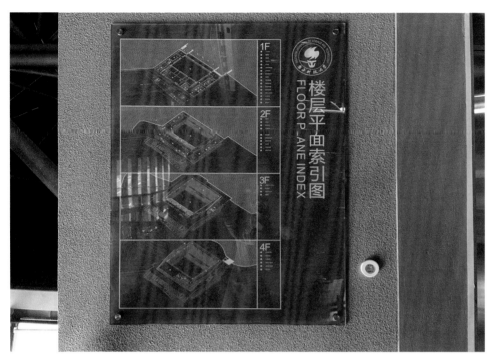

图 7-44　体育馆内的平面指引
来源：作者自摄。

　　在地点定位类标识物的地点命名上，校园常采用具有文学性的隐喻词语来进行命名，以突出中国传统文化中浪漫的部分。例如在校园对于桥的命名上，采用了修远、博闻、叠翠等名称（图 7-45），在对景观湖泊的命名上采用了心湖和阅湖等名称（图 7-46），可以看出其中"观心、明德"的文化暗示。校园内的一些小构筑物和设施上也呈现出类似的命名风格，如致仁书院中的楼梯和廊道，采用了"揽月梯"的名称（图 7-47）。此外，在校园地点标注的字体使用上，均采用了毛笔书法的字体。这些均为现代化的校园中增添了传统文化的色彩，更加突出了南科大校园特有的"中国特色社会主义大学"的文化氛围。

　　警告提示性标识物，主要是校园内提示水深、保护花草等的提示牌（图 7-48）。这些警告提示性的标志物也做到了总体风格的统一。

图 7-45　校园内桥命名
来源：作者自摄。

图 7-46　心湖和阅湖
来源：作者自摄。

图 7-47　校园内楼梯命名
来源：作者自摄。

图 7-48　警告提示性标识物
来源：作者自摄。

第 8 章

南方科技大学校园的建筑设计特征

8.1 建筑风貌

南科大北依阳台山，东邻长岭陂水库，西侧为深圳大学西丽校区。校园地处山谷，自然环境优美僻静，大沙河从校园流过，设计师力图将建筑设计和山地与河流景观相结合，形成建筑和景观相互交融的一个整体（图 8-1）。南方科技大学在校园一期、二期建筑形态和风貌融合统一基础上，根据不同院系的功能需求和场所要求，鼓励彰显建筑的个性化和可识别性，表现不同的院系空间特色和形象特点，创造丰富有致的校园建筑景观。

图 8-1　校园风貌
来源：南方科技大学提供。

校园内建筑以多层为主，高度在 4~36 m，建筑群常与山地丘陵相融合，其中，教学类建筑体量以 4~6 层为主，主要包括各院系教学建筑和公共教学楼。教学类建筑主要汲取岭南建筑地域特色，以"院""廊""台"等场所要素组织建筑空间和形态，强化建筑、环境与山水的有机结合；以明快清新的建筑色彩、精致创新的材料利用、富于表现力的建筑细节，塑造简洁、大气和现代的建筑风格。公共服务建筑主要包括图书馆、南科大中心等，建筑体量以 3~8 层为主。作为校园的标志性建筑，在建筑造型、形象上应具有一定的创新性与代表性，重点强调建筑在校园中高度的识别性，在高度、形态和外立面设计上彰显其独特性，创造南科大的精神核心和令人难忘的心理地标。而住宿类建筑以 12~18 层的中高层建筑为主。学生宿舍以书院为格局，依山就势建设，成为具有特色的山地集合式建筑。[①]

8.1.1 建筑风格特征

南方科技大学整体建筑以现代主义为基调，结合地域特色及传统元素，最终形成了目前特点鲜明、层次丰富的现代风格特征。现代建筑风格是指建筑在外部简化装饰、在内部注重功能与空间组织的风格类型。而南方科技大学的现代主义建筑风格则可以细分为以下三种。

① 中国城市规划设计研究院深圳分院. 南方科技大学校园建设详细蓝图说明书 [Z]，2016.

1. 含有传统岭南元素

含有传统岭南元素是指校园建筑中装饰有传统岭南建筑元素或者形体上呼应了传统岭南元素建筑风格。南方科技大学的传统岭南建筑，在建筑语言上，不要求元素的移植，而是以传统的色彩、质感、肌理为现代材料处理的细节灵感，结合教学功能和交流特点，构筑富有时代感和传承性的岭南新建筑风格。传统岭南元素在南科大校园建筑的主要表现形式，在空间组织和装饰手段上，通过强调建筑形式的象征作用，体现建筑应具有的场所感，如办公楼和人文社科学院等。

办公楼建筑坐北朝南，呈合院式布局，在整体形态上呼应了岭南传统建筑的气质。灰砖装饰的立面，坡屋顶和挑檐是对岭南传统建筑元素的呈现，同时，充满韵律感的立面设计，也是对传统元素进行的一次现代演绎，人文社科学院建筑三个体量顺应山势呈一字排开，通过廊道联系。在形态上，建筑的大屋檐所围合出的庭院体现了宁静的学术氛围和岭南建筑中建筑与庭院相互交融的特质（图 8-2）。无论是办公楼还是人文社科学院，建筑内部都拥有一个独立的内庭院，这种传统岭南的布局方式使得学科的办公室和教室向外享有湿地和山体景观，向内则拥有宁静的庭院景观。

图 8-2　人文社科学院
来源：南方科技大学提供。

2. 含有新岭南元素

含有新岭南元素是指现代主义风格以岭南建筑场所气韵为原点，"淬砺其所本有而新之，采补其所本无而新之"，结合现代教学建筑和居住建筑的功能特点，通过新材料、新技术的得体运用，塑造传统与现代交融、功能与体验兼备的新岭南校园建筑。[①]新岭南建筑元素以其高度的文化包容性和适应气候特点的设计语言而自成一体，在南方科技大学校园建筑中体现为重视空间塑造的同时，结合材料、色彩等外在表现，以建筑基本的元素来组织塑造建筑形态，采用了方盒子、平屋顶等简单直接的处理方式，如台州楼就是采用这种风格处理。南方科技大学台州楼位于校园的西南角，虽紧临城市道路，但因周边绿化环境布置妥当，为其营造了宁静的科研氛围。选择简单的形体不仅是因为实验楼与一般的办公楼、教学楼使用功能不同，更是因为实验楼像一台被结构系统包裹的精密机器，建筑空间为内

---

①　中国城市规划设计研究院深圳分院. 南方科技大学校园建设详细蓝图说明书 [Z]，2016.

部的设备和实验活动而服务。新岭南元素所带来的新材料与新技术不仅满足了复杂的实验操作需求，还回应了深圳湿热、曝晒的气候条件（图 8-3）。

图 8-3　台州楼
来源：作者自摄。

3. 含有创新元素

含有创新元素是指校园建筑中应用了新结构、新技术或者采用了特殊的表达方式。与普通的校园建筑不同，含有创新元素的建筑通常具有特定的功能，而这种特定功能通常会采用非常规的建筑形态与结构体系，南方科技大学润杨体育馆即是如此。润杨体育馆的形体依托背后山丘水平伸展，不对称的大屋盖自半空向西伸出，舒展、精练的外形既是创新元素的一种表达，也是对内部空间的一种回应。润杨体育馆大跨度、长悬挑的结构满足了使用功能的空间需求，悬挑的屋盖既保证了炎热气候下的通道阴凉，也彰显了空间强烈的运动感。在细节处理上，由特殊 V 形混凝土结构支撑的看台巧妙地承担了体育馆基座功能，也通过其保证了体育馆与运动场的完美结合（图 8-4）。

图 8-4　润杨体育馆
来源：南方科技大学提供。

8.1.2 建筑形态

建筑形态是体现建筑风貌最为直观的一种元素，尤其对于校园建筑而言，反映了建筑物的整体布局和组合方式。在南方科技大学校园建筑中，现有的建筑形态根据不同体量的关系可分为四种不同的形式。

1. 矩形

在南方科技大学校园内，建筑形态为矩形的建筑有实验楼、本科生宿舍、硕士生宿舍及博士生宿舍等（图 8-5）。作为最简洁、凝练的一种建筑体形，矩形的形态通常能满足建筑的功能需要，同时又有空间使用率高、便于建设等特点，即便是在建筑景观极其丰富的南方科技大学校园内，矩形仍是主要的建筑形态之一。但与传统的矩形形式不同，南科大在简单的建筑体形中植入了丰富的内部空间与外部装饰，既可以高效的满足师生的日常需求，也可以突出南科大校园建筑自身的风格特点。

2. 回字形

回字形最主要的特点为外部围合而内部设院，这种建筑体形在形式上与岭南传统院落式布局相仿，在南科大校园建筑中独树一帜（图 8-6），如办公楼，该建筑坐北朝南，呈合院式布局，在整体形态上呼应了岭南传统建筑的气质，并通过内庭院将其各个功能组织起来。回字形的体形使得建筑首层面向自然充分开放，大小交流厅、茶室、门厅、展厅等空间各自独立，并围绕着一个中央的内庭院进行布局，而它们之间的架空空间将外部景观延伸到建筑内部，形成了内外通透的视觉通廊。

图 8-5　矩形建筑示意图[①]
来源：中国城市规划设计研究院提供底图，
作者改绘。

图 8-6　回字形建筑示意图
来源：中国城市规划设计研究院提供底图，
作者改绘。

3.“U”字形

“U”字形是一种三面围合一面开放的建筑体形，主要特点为半包围布局，可以形成半

---

① 图中图例见图 6-2，本章图片余同。

开放性广场，让建筑与外部环境产生对话（图8-7）。以商学院为例，该建筑采用"U"字形平面，开口朝向东北侧，对外将山景收入其中，对内回应功能需求，形成以室内外阶梯型平台为特色的开放的建筑功能空间布局。室外开放的内庭院，对山体敞开怀抱，与之产生共鸣。而公共教学楼以其"U"字形的形体特色，响应岭南水街及碉楼的形态，在平面和立面上进行退让，与碉楼形成对话。

4. 异形

异形是一种不规则的形态，主要表现形式分为两种，即平面异形与立体异形（图8-8）。平面异形通常指建筑在平面布局上由直线和曲线等元素叠加或分解而成，如南方科技大学会议中心，其长边为两段曲率不同的弧线，整体形态完整流畅，与二期酒店共同形成西高东低环绕现状山体的流线形。与润杨体育馆的立体异形不同，会议中心在立面上较为规整，兼顾与山体景观的交错融合。人文社科学院以三个建筑体量顺应山势呈一字排开，通过廊道联系，以"院""廊""台"等要素组织建筑空间。

图 8-7 "U"字形建筑示意图
来源：中国城市规划设计研究院提供底图，
作者改绘。

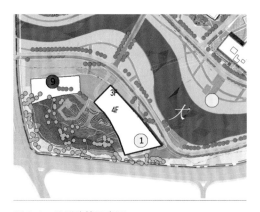

图 8-8 异形建筑示意图
来源：中国城市规划设计研究院提供底图，
作者改绘。

8.1.3 建筑空间组织

深圳地处南方沿海地区，属亚热带季风气候，日照充足且夏季炎热潮湿，而南方科技大学在建筑的空间处理上回应了深圳的地域特色，在许多建筑的空间布局与细节处理上具有典型的"岭南元素"，在空间组织上有以下五点特征。

1. 底层架空

在南科大校园建筑中，底层架空的空间组织方式主要有三点好处：第一，让建筑在视觉上向上延伸，削弱了建筑的厚重感，给人以亲切感；第二，架空所产生的灰空间与上部的主体建筑形成对比，不仅给使用者在视觉上提供了导向性，更强调了架空所创造的悬浮空间的功能性；第三，底层架空所带来的大台阶与大平台创造了更加丰富的空间体验。如第一教学楼的底层架空处理，简洁的形态与灰空间形成对比，创造了层次丰富的入口空间，给师生带来了不一样的体验氛围（图8-9）。

图 8-9　底层架空示意图
来源：作者自摄。

2. 连廊体系

　　连廊体系是指在建筑内部或者建筑之间，通过连廊的组织方式构建一套连接系统，从而使得使用者能获得更好的步行体验与空间感受，如南方科技大学学生活动中心，其通过一套百叶遮盖的环状系统，将不同功能的建筑体块有效地统一在内，绿色步行连廊体系穿插缝合，带动人流在各个微单元间穿行，形成丰富流畅的场景感并创造出生动的公共空间，人性化的微气候使南科大中心与校园内其他独栋建筑形成鲜明的对比（图 8-10）。而二期学生宿舍则通过空中连廊加强各栋宿舍楼之间的联系，使得整体建筑布局更具灵活性、开放性。

图 8-10　连廊体系示意图
来源：作者自摄。

3. 庭院围合

庭院围合的空间组织方式在中国传统院落建筑中十分常见，在南方科技大学的校园建筑中，庭院围合的方式不仅有办公楼这样封闭式的围合，也有开敞式的围合，如公共教学楼。封闭式庭院围合的办公楼将首层面向自然充分开放，大小交流厅、茶室、门厅、展厅等空间各自独立，并围绕着一个中央的内庭院，在保证办公空间私密性的同时，创造了"出门有院，开窗赏景"的办公环境（图8-11）。

图 8-11　庭院围合示意图
来源：南方科技大学提供。

开敞式庭院围合的公共教学楼则以山体为对景，形成与自然对话的室内空间；外部环境上，别致的内庭院结合屋顶平台，形成独特的院落布局，给师生带来了宁静、自然的空间氛围。

4. 多层次空间布局

多层次的空间布局是指在组织建筑空间时，将不同层级的空间通过交通系统串联在一起，形成更加开放的空间体系，商学院的空间组织方式就是如此。商学院利用架空层、中庭和屋顶平台提供了不同楼层变化丰富的公共活动场所，巧妙地让空间流动起来。这种室内外结合的公共活动空间，为学生、教师之间的交流提供了大量的开敞平台。这种不同层级的平台设置，会在公共空间中产生丰富的光影视觉体验效果（图8-12）。

图 8-12　多层次空间布局示意图
来源：南方科技大学提供。

5. 立体化入口空间

立体化入口空间是指在建筑入口处进行空间组织，形成不同层级的交通路径或者空间体验，如琳恩图书馆在空间组织上即采用了此种方式（图 8-13）。琳恩图书馆在各个方向均有开向校园空间的孔洞，各层均有南北、东西两条连廊，在南向有直接通往二层的入口楼梯，这两条连廊将建筑内的空间串联并分隔为数个"庭院盒子"，产生了丰富的空间体验。而第一教学楼利用地势高差在入口空间创造了特定的空间形态，使得架空层下的空间体验更加丰富。

图 8-13　琳恩图书馆入口空间示意图
来源：作者自摄。

8.1.4 建筑立面形态

建筑立面形态的表达通常受到建筑风格、建筑功能与建筑材料的影响，而南方科技大学建筑在处理立面形态上不仅吸收了现代化的设计手法，也带有浓郁的地方特色，如在第一教学楼、会议中心、南科大中心等建筑的立面形态处理上，运用了不同层级的组合方式，在建筑内外空间界面的细部增添了大量的地方特色，既满足了师生的功能需求，也回应了校园的周边环境。

1. 楼梯空间的外在表达

由于地域气候的原因，南方科技大学建筑在处理楼梯空间时通常采用内外通融的处理方式，将交通疏散的楼梯置于建筑外部或是采用带有特殊元素的表皮进行包裹，形成不一样的视觉体验。在第一教学楼的立面形态处理上，底层架空的灰空间通过室外楼梯与大平台形成具有连续性的交通体系，不仅使得建筑立面在形态上错落有致，也增加了师生穿行的体验感（图8-14）。南科大行政楼则从"去行政化"的理念出发，将楼梯空间置于建筑体量外，通过密集的波纹穿孔铝板形成的变化的图案表皮进行围合，并使小院落式办公空间簇拥成团，从而达到了在外层次分明、在内平易近人的效果。

图 8-14　第一教学楼楼梯空间与立面形态
来源：作者自摄。

2. 层次分明的虚实对比

南方科技大学建筑在立面形态上大量采用了虚实对比的手法，注重空间、体块、材质之间虚实有度的自然结合。建筑从最纯粹的实体与空间出发，"凿户牖以为室，当其无，有室之用。故有之以为利，无之以为用"，在空间与实体的结合上外在表达不仅层次分明而且特点突出，如第二教学楼运用简洁的立面形态、适宜的比例尺度、稳定的序列排布等手法形成了立面活泼且张力十足的建筑形态（图8-15）。另一方面，第二教学楼将建筑立面与生态策略相结合，整体立面出檐深远，产生了丰富的立面效果以及光影变化。这种形体与立面构件的组合不仅大大提升了建筑的遮阳性能，而且为师生带来了愉悦的步行体验。[1]

---

① 曹昌宇. 基于深圳地域特色的当代大学校园建筑设计策略研究 [D]. 深圳：深圳大学，2017.

图 8-15　第二教学楼立面形态
来源：作者自摄。

3. 多孔洞形式的运用

在建筑立面上采用多孔洞的形式不仅可以使室内外气流联通改善微循环，还可以扩大建筑内部的视野，从而与周边环境进行对话。南方科技大学的建筑在立面形式上对多孔洞材料的运用既回应了地域气候条件，也形成了自身的特色，如琳恩图书馆外墙采用银灰色半单元式铝制模块错缝拼装，这种铝板模块集防水、保温、自遮阳于一体，在视觉上简约而又丰富，在功能上实用而又环保（图 8-16）。其实不仅有大面积的外部表皮采用多孔洞的形式，在建筑细部也有运用，如人文社科学院就在立面上采用了这种形式（图 8-17）。

图 8-16　琳恩图书馆外墙
来源：作者自摄。

图 8-17　人文社科学院立面细部
来源：作者自摄。

8.1.5 建筑材料与建筑色彩

1. 建筑材料

南方科技大学的建筑不仅在风格特征与空间形态的处理上具有特色，在建筑材料的运用上也别出心裁，在回应了深圳炎热地域气候的同时，也丰富了建筑立面的空间形态。

1）建筑外部材料

在南方科技大学校园一期建设中，建筑外部材料以浅色调的素混凝土白色抹灰墙面为主，简约清新。在整体简约清新的秩序下，也有许多建筑外部材料的运用极具特色，如行政楼的大片波纹穿孔板的组合运用。在二期建设中，建筑在外部材料上采用了大量的玻璃幕墙，不仅削弱了建筑的厚重感，还为建筑内部提供了广阔的视野，如理学院采用素雅洁净的白色涂料与透明玻璃为基本材质，结合银白色铝板遮阳，给人以现代、整洁、清新的整体形象（图8-18）。

图8-18　波纹穿孔铝板
来源：作者自摄。

2）建筑内部材料

与建筑外部不同，建筑材料在内部的运用通常具有很强的功能性，如南方科技大学第二科研楼的室内空间，采用柔和的木色铝板材丰富室内交通空间的形象，地面则采用了灰色防水漆，这种朴素内敛的颜色恰当地契合了科研楼本身严谨的特质。润杨体育馆在室内采用明亮的黄色与橙色座椅，并进行了混合排列，让师生在观看运动比赛时能更快地融入其中。会议中心报告厅的红色座椅与橙色墙面给人以庄严肃穆的感受，当阳光通过玻璃洒入中心大堂时，其黄色与灰色的大理石板给人以明亮通透的感觉（图8-19）。

3）新型材料的运用

南方科技大学校园建设中许多建筑作品展现了对新型材料的尝试，如南科大中心选择陶板作为主要的材料，两个由陶板覆盖的体量与连绵的山脉和谐共处，整个外立面仿佛被大片暖色帷幕包裹，低调而优雅。石材、轻质陶土百叶和玻璃有规律地排列，引导人们顺

图 8-19　南方科技大学会议中心报告厅
来源：南方科技大学提供。

图 8-20　南科大中心外部材料
来源：南方科技大学提供。

势进入其中（图8-20），会议中心采用铝板材料营造建筑的现代感，北侧以通透的玻璃为
主要材质，弧形的屋面与立面的垂直竖向线条结合，立面元素简洁而轻盈，与校园所倡导
的自由开敞的建筑风格相呼应（图8-21）。

图 8-21　会议中心外部材料
来源：南方科技大学提供。

2. 建筑色彩

　　建筑色彩的选择上，南方科技大学采用了简约而不简单的处理方式，整体上明度不高，
以白色、灰色、淡黄色为主。在建筑细部，根据使用功能的不同或者建筑使用者的需求，
设置了明亮的色彩以达到不喧宾夺主而又特色鲜明的效果，如致新书院的入口就采用了红
色系的墙面。不同类型的建筑对色彩的运用也存在差异，为分析不同建筑色彩风格，在南
方科技大学内，将现有建筑色彩分为以下四类。

1）教学类建筑色彩

　　从传统意义上讲，教学建筑是较为严肃的场所，建筑色彩选取上以成熟冷静的灰色和
白色等中性色为主色调最为常见。而南方科技大学公共教学楼并不拘泥于传统的视觉感受，
将较为鲜艳的橘红色引入教学建筑中，这种适宜的色彩搭配在某种程度上打破了教学建筑

的沉闷之感，增加了校园的活力。

2）科研类建筑色彩

第一科研楼与第二科研楼以白色元素为基本色调，整体风格沉稳，而在细部则运用明度较高的暖色系来进行点缀，如第一科研楼，其首层凹进的孔洞处采用了红、绿、黄三种颜色进行装饰，在科研类建筑的沉稳中又显现出大学校园的活力。

3）住宿类建筑色彩

宿舍楼建筑作为师生生活、休憩的场所，应营造轻松舒适的氛围，对于大面积的公寓群一般采用温暖、轻松愉悦的色调，如南方科技大学二期宿舍楼主体，其建筑实墙部分采用灰色系砖墙，优雅稳重，并与白色墙体相互映衬，形成强烈的视觉对比，并富有韵律。外观设计突出现代、明快的设计理念，兼顾视觉效果与材料的经济性、实用性，通过不同材料的组合运用和色彩的有机配置，塑造出丰富有序的视觉形象。

4）公共活动类建筑色彩

公共活动类建筑主要承载的功能是师生的日常活动，所以在建筑色彩上应尽可能地塑造热闹繁荣的景象，要求具有明快、醒目的视觉指向，可选择明度、饱和度较高的色彩，如南科大中心，以中性色调为基底，少量采用中高彩度暖色调点缀，呈现灵动的、充满活力的空间氛围。

8.2 一期典型建筑

8.2.1 行政办公类

1. 行政楼项目选址

南科大行政楼位于校园南部。南邻大沙河，北侧是琳恩图书馆，东侧是理学院（图8-22），是校园内的核心区域。由深圳市筑博工程设计有限公司设计。行政楼用地面积约为 $7210\ m^2$，建筑面积约为 $6500\ m^2$，容积率为 0.85。

2. 行政楼设计理念

行政楼处于会议中心与琳恩图书馆的中间位置，与琳恩图书馆和会议中心共同展示学校的前区形象（图8-23）。设计策略以一种开放、谦虚、具有亲和力的姿态体现更加开放的校园和建筑。

图 8-22　行政办公楼区位图
来源：中国城市规划设计研究院提供底图，作者改绘。

让办公回归到仅仅是"办公用房"这一纯粹而简单的概念体系，剥离办公与"行政"的潜在关系，取得校园布局与自然环境的和谐。[①]

---

① 钟乔. 不再"行政"的行政办公楼——深圳南方科技大学行政办公楼设计回顾 [J]. 城市建筑，2013（21）：84-89.

图 8-23　行政楼（前）和琳恩图书馆（后）
来源：南方科技大学提供。

3. 建筑设计

1）建筑功能

因为深圳所处的地域属于南方湿热性亚热带气候特征，行政楼在设计时考虑采用当地传统的"天井"作为建筑元素，既可以遮阳庇荫，又可以输送自然风。"天井"的设计创造出舒适的办公环境微气候。三个相对独立的"井院"式办公建筑簇拥成团，窄小的"井院"提供长时间的公共阴影空间，避免了院落带来的交通流线长以及院落在日晒下可观不可用的弊端。

2）造型设计

行政楼采用一张简洁完整的白色镂空外表皮包裹建筑实体，表皮的设计围而不挡，透而不露，将不同的建筑功能协调整合（图 8-24）。表皮下端有意的挑空配合纤细的柱廊所创造出的灰空间更是与周围的街道和建筑等公共空间进行过渡，增加校园内人与人之间的交流。原本细碎的"井院"，在白色表皮的围合下，增强了整体的体量感，与周围的图书馆等建筑在外观上达到了体量一致、尺度和谐统一。

3）交通联系

行政楼在水平交通上设计了两层不同联系的"街道"，作为公共步行系统（图 8-25）。首层街道作为公共空间，联系校前广场和图书馆，底层设置的咖啡厅和餐厅等公共设施更加具有活力，激活底层交流空间；二层街道通过连廊的形式连接图书馆和会堂的地景式屋面，这使得两侧建筑的可达性更强，连廊还为底层交通带来遮蔽空间，极大的提升了通行的便利性。办公建筑所处的环境不再闭塞独立，办公环境更加开放公共、平易近人，将师生关系消解成平等的街坊、邻里关系。

图 8-24　行政楼表皮
来源：南方科技大学提供。

图 8-25　行政楼底层连廊
来源：南方科技大学提供。

8.2.2 公共服务类

1. 琳恩图书馆

1）项目选址

南方科技大学图书馆场馆之一琳恩图书馆，位于校园主干道，其四面呈内凹的弧形轮廓，且三面环水（图 8-26），对环境形成谦逊、包容的姿态，寓意求知的谦虚心态和兼容并包的精神。由都市实践建筑设计事务所、深圳市建筑科学研究院有限公司设计。琳恩图书馆为 3 层单体建筑，建筑面积 10599 m^2。

2）设计理念

有别于传统图书馆，琳恩图书馆作为校信息中心，将成为学生活动的联系体。在校园中穿行的学生可在此聚集交往、沟通信息，进而分享他们的校园生活。该馆空间规划以"五个统一"为指导思想，即：象征性和功能性的统一、独立学习与群体学习的兼容、文献资源与空间资源的协同发展、信息技术与空间的链接、服务对象与空间的互动。而在内部空间设计上则坚持"四大原则"：便易性、灵活性、可移动性、可视性。师生每日往返于教学科研区与生活区时，会从不同方向途经此地。顺应这种动线，形成了穿越

图 8-26　琳恩图书馆区位图
来源: 中国城市规划设计研究院提供底图，作者改绘。

建筑的十字形游廊系统。橘色主题从室外公共空间延续至室内的公共区（图 8-27~图 8-29），将人们自然地从游廊引入到建筑中来。

图 8-27　橘色主入口
来源：南方科技大学提供。

图 8-28　橘色中庭
来源：南方科技大学提供。

图 8-29　中庭楼梯
来源：南方科技大学提供。

3）建筑设计

（1）建筑功能

主入口门厅、学术报告厅、社团活动室和书吧等公共功能被有意安排在南北向通廊的两侧。二层游廊自西向东途经书吧、天井、多功能厅、竹园、阅览区、半室外台地，最终到达理学院。顶层是供开架阅览使用的近 3800 m² 的开敞式大空间。

图书馆一层有一个面积为 700 m² 左右的大开间安静学习区（图 8-30~图 8-32）。该空间共有 152 个阅览座位，四周的六根柱子被设计为书柱摆放图书，并间隔摆放有 6 组矮书

图 8-30　阅览区（一）
来源：南方科技大学提供。

架，用于放置借阅量很少的工具书，以营造浓厚的学习氛围和知识环境。该空间自开放以来，一直是图书馆人气最高的空间。而在二号馆规划之初，南科大图书馆因地制宜，有意识地根据环境设计有利于营造学习氛围的空间，如研习大厅，其位于二号馆顶层，三面为落地透明玻璃墙，视野开阔，被设计为无隔断的、通透的大自习阅览室，采用中式复古阅览桌椅，营造安静素雅的学习氛围。

图 8-31　阅览区（二）
来源：南方科技大学提供。

图 8-32　会议区
来源：南方科技大学提供。

（2）造型设计

图书馆外墙实施的是银灰色半单元式铝制模块错缝拼装，铝板模块集防水、保温、自遮阳于一体（图 8-33）。十字形游廊与外墙不同，选用了橘色高强度水泥纤维板作为顶棚和墙面装饰材料。

图 8-33　琳恩图书馆外立面
来源：南方科技大学提供。

2. 润杨体育馆
1）项目选址

南科大润杨体育馆位于校园东侧。北侧临近校园北门，是重要的交通节点；南侧临近教授及专家公寓（图 8-34）；东西两侧自然景色良好，整体环境清新宜人。由都市实践建筑设计事务所、深圳市建筑科学研究院有限公司设计。润杨体育馆建筑面积约 9638 m^2，用地面积为 7075 m^2，容积率 1.05。设有羽毛球场（图 8-35）、健身房（图 8-36）、攀岩墙（图 8-37）、空中跑道、舞蹈教室、裁判室、热身场地等功能区。

图 8-34　润杨体育馆区位图
来源：中国城市规划设计研究院提供底图，作者改绘。

图 8-35　体育馆羽毛球场
来源：南方科技大学提供。

图 8-36　体育馆健身房
来源：南方科技大学提供。

图 8-37　体育馆攀岩墙
来源：南方科技大学提供。

2）建筑设计

（1）造型设计

体育馆依托背后的山丘，使得建筑造型呈水平状伸展，不对称的大屋盖自半空向西伸出（图 8-38），既保证了炎热气候下的通道阴凉，也彰显了空间十足的运动感。由 "V" 字形混凝土结构支撑的看台巧妙地承担了体育馆基座功能（图 8-39），也通过其保证了体育馆与运动场的完美结合。

图 8-38　润杨体育馆鸟瞰图
来源：南方科技大学提供。

图 8-39　"V"字形混凝土结构支撑
来源：南方科技大学提供。

（2）景观设计

为降低对原来山体和植被的破坏，顺应山势消解原本巨大的建筑体量，设计尝试借助多级活动平台、坡道、悬桥、登山步道等，将不同标高的室内外空间组织成开放性的跑步线路（图 8-40）。原址的数个台地被改造利用为球场看台。这些非传统定义的体育场所与周边山体一起构成了泛体育空间体系，打破了封闭场馆的使用局限（图 8-41）。

图 8-40　润杨体育馆多级平台
来源：南方科技大学提供。

图 8-41　润杨体育场周边景观环境
来源：南方科技大学提供。

8.3 二期典型建筑

8.3.1 行政办公类

办公楼

1）项目选址

南科大办公楼项目坐落在南科大校园，位于校园中部偏南侧地块，南临长岭陂河（图8-42）。地块地处山谷，周边山体起伏约20 m，东侧有规划水系及湿地公园。由香港华艺设计顾问（深圳）有限公司、法国AS建筑工作室设计。南科大办公楼为坡地建筑，办公楼建筑面积7389 m²，地下1层，地上3层，高度16.20 m。

2）设计理念

项目基地地处山谷，自然环境优美僻静，形成建筑和山地景观相互交融的一个整体。同时，秉承着传承岭南地域文化的宗旨，在设计中汲取

图 8-42　办公楼区位图
来源：中国城市规划设计研究院提供底图，作者改绘。

岭南建筑地域特色，以"院""廊""台"等要素组织建筑空间。运用现代的语汇，以院落的形式，构筑具有岭南地域特色的建筑群落（图8-43）。最终将在建筑形态、材料和空间等方面展现出传统与现代、建筑与自然之间的对话。此外，地下车库依地形高差，一面临山而建，一面开敞对外。利用自然通风、采光的车库空间，有效地减少了机电设备的能耗。

图 8-43　办公楼（右）与人文社科学院（左）形成丰富的院落空间
来源：南方科技大学提供。

3）总平面设计

（1）总体布局

校园的人文景观轴呈东西方向穿越基地，基地地跨山谷，建筑整体形态方面呈小体量群落状布局，顺应山势，空间和造型上都力图传承岭南传统园林的精髓，以现代的手法诠释岭南地域文化的内涵（图 8-44）。

图 8-44　办公楼与山谷相融
来源：南方科技大学提供。

（2）竖向设计

建筑依据山势设置在基地的南北两侧。依托人文景观轴线优势，轴线以北的办公楼和教授俱乐部位于基地内地势最高的一块台地上，依靠北面山体，俯瞰南面的湿地景观和人文学院，并远眺大沙河。

（3）交通组织

建筑的入口广场位于一个台地上，并通过景观大台阶与东侧的校园道路联系（图 8-45），形成一个东面的主入口和一个北侧的贵宾出入口。

沿东侧校园道路设有一个地下车库出入口，可以到达位于办公楼下方的地下车库。基地的两个人行出入口分别位于中心湿地景观与东侧道路的交接处和北侧的景观台阶处。

4）建筑设计

（1）建筑功能

建筑坐北朝南，呈合院式布局，在整体形态上呼应了岭南传统建筑的气质。办公楼和教授俱乐部在功能上具有许多内在的联系，将这两部分内容整合在一个建筑中，并通过内庭院将其各个功能组织起来（图 8-46）。建筑的首层面向自然充分开放（图 8-47），大小交流厅、茶室、门厅、展厅等空间各自独立，并围绕着一个中央的内庭院，它们之间的架空空间将外部景观延伸到建筑内部。位于二层的教授办公室依据山势呈 L 形排列，每个办

图 8-45　办公楼景观大台阶
来源：南方科技大学提供。

图 8-46　办公楼内庭
来源：南方科技大学提供。

图 8-47　办公楼大堂
来源：南方科技大学提供。

公室都拥有最好的景观视野。面山的一侧，通过设置两个室外平台，为办公区提供了安静宜人的休息、会议区域。位于三层的院士办公室和特聘教授办公室通过平台与办公空间的交错布置，在保证办公空间私密性的同时，创造了"出门有院，开窗赏景"的办公环境（图8-48）。

（2）造型设计

建筑体量自序组合，屋顶高低错落，起伏灵动。四个朝庭院内倾斜的单坡金属屋面，体现了"四水归塘"的设计理念，同时有效收集雨水。宽大的屋檐形成的阴影，有效减少了阳光直射（图8-49）。

灰砖装饰的立面，坡屋顶和挑檐是对岭南传统建筑元素的呈现。同时，充满韵律感的立面设计，是对传统元素进行的一次现代的演绎。

图 8-48 内庭景观
来源：南方科技大学提供。

图 8-49 办公楼屋顶
来源：南方科技大学提供。

8.3.2 公共服务类

1. 国际会议中心

1）项目选址

南科大国际会议中心项目坐落在南科大校园西南地块，南科一路和学苑大道交汇处，北临大沙河（图 8-50）。由深圳市欧博工程设计顾问有限公司设计。基地整体呈不规则三角形。西侧短边长约 180 m，南侧短边长约 250 m，北侧长边约 320 m，建设用地面积 27921 m^2。南方科技大学会堂项目，总用地面积约 39935 m^2，其中蓝线外可用地面积约

24932 m²。会堂部分建筑面积约 18000 m²，地上面积约 13000 m²，地下面积约 5000 m²，建筑地下 1 层，地上 4 层。建筑高度 21.4 m，局部构架高度 27.4 m。

2）设计理念

南方科技大学校园强调突出自然景观，弱化人工痕迹。整体规划并不刻意地塑造行政化的轴线罗列校园功能，而是建筑依山就势，利用现状地形，营造自由流动的校园空间。校园以水景为线索，形成的若干景观带把校园的各个书院组团串联起来。现有校园自然环境保护良好，建筑与自然之间衔接密切。

图 8-50　南科大国际会议中心区位图
来源：中国城市规划设计研究院提供底图，作者改绘。

校园内建筑均为现代风格，构造元素简约，不同建筑各具个性，却相得益彰，和谐统一。南科大国际会议中心更多地强调公共空间的营造，利用灰空间让师生获得更多的活动和交流的场所。建筑内部功能集约化处理，提高建筑整体的使用效率。建筑在整体以浅色和白色为主色调的基础上，局部点缀明快的色彩（图 8-51）。建筑与山体景观联系密切，建筑内外景观相互交融，联系密切。

图 8-51　南科大国际会议中心
来源：南方科技大学提供。

3）总平面设计

（1）总体布局

建筑在用地北侧，顺应山体等高线布置。由西侧至东侧，依次为会议中心、剧场、未来教育中心。车辆利用建筑北侧外围道路进入基地。会堂人行主入口位于建筑东北侧，并利用竖向交通组织串联各个不同性质、不同标高的功能。建筑结合内部功能的空间需求，呈两端向中部降低的流线型。

（2）竖向设计

南科大国际会议中心以最大化保留基地内部山体为主要原则，减少土方量。基地现状山体相对高度约25 m，设计局部调整山体范围，山体高度基本维持不变。建筑入口标高为28.5 m，与周边市政道路标高平均高度一致。

（3）交通组织

建筑功能较为复杂，流线种类较多。流线组织以明晰各功能流线，避免交叉为主要原则。

车流：利用现状北侧道路，车辆主要由基地西侧和东侧主入口进入。会堂南侧设置独立大巴停靠区。会堂车库入口位于建筑东南部，VIP落客布置在建筑北侧，位于大会议厅及剧场功能区之间，有效疏导落客人流。

货流：剧场舞台紧邻南侧辅助道路，且标高与道路相平，避免设置舞台货运电梯。

人流：会堂主要人流考虑为四种，根据人流的不同性质，相互结合或独立设置，避免建筑空间的浪费。观众与参会人员由会堂主入口进入。演员由建筑东侧设置的独立出入口进出。VIP入口结合人行主入口设置在一层门厅西侧。

4）建筑设计

（1）建筑功能

建筑地下1层，地上4层。建筑高度21.40 m，局部构架高度27.4 m。地下一层主要为停车库与设备用房，人防在本地下室范围内。一层为架空车库、会议中心大堂（图8-52）、650人剧场观众厅与舞台等。二层为1200人大会议厅以及会议配套，剧场池座入口。三层为楼座入口以及部分办公空间。四层为200人报告厅（图8-53）以及若干小会议厅与办公用房。

图 8-52　南科大国际会议中心大堂
来源：南方科技大学提供。

图 8-53　南科大国际会议中心报告厅
来源：南方科技大学提供。

（2）造型设计

整体形态完整流畅，形成西高东低环绕现状山体的流线型。用不同的建筑表情，兼顾校区界面的利落与山体景观的交错融合。

建筑主要以浅色为基调，采用铝板材料营造建筑的现代感（图8-54）。北侧以通透的玻璃为主要材质，弧形的屋面与立面的垂直竖向线条结合，立面元素简洁而轻盈，与校园所倡导的自由开敞的建筑风格相呼应。

（3）室内外空间的特点

建筑内部空间充分考虑会议中心与剧场两大核心功能使用的独立性与公共空间的共享。会议中心与剧场共享入口门厅，门厅净高约 13 m。门厅中设置 2 部普通客用电梯与 1 部 VIP 电梯，满足会议中心与剧场的人员运输及无障碍要求。主要人流由门厅的台阶引导至二层，并向两侧分流两种不同的使用人流。

图 8-54　南科大国际会议中心立面材质
来源：南方科技大学提供。

建筑内部主要公共空间环绕会议中心前厅以及剧场前厅设置，并与室外花园自然衔接，创造多种公共交往休息的区域，也兼顾人员疏散的需求。

5）景观设计

（1）景观设计理念

"一山、一河、一会堂"是场地最大的特征（图 8-55），南科大国际会议中心在景观设计中提取这三要素作为设计指导理念。山青、水绿，建筑明如月。唐代诗人李贺在《古悠悠行》中诵到："白景归西山，碧华上迢迢"，会堂便似这诗词中的"碧华"，恰如那夜空的一弯皓月，高贵、典雅、静谧。青山—绿水—碧华庭，悠然自得，宁静致远。

（2）景观设计内容

青山：通过对山体的详细分析，将活动功能设置在面向建筑的一侧，另一侧则主要是

图 8-55　南科大国际会议中心水景
来源：南方科技大学提供。

生态林。山脚下的广场为建筑与山体之间留出适宜的距离，避免局促感，同时作为会堂与酒店的后花园使用。广场旁顺着山体的走势设置了绿色休憩台阶，而具有私密感的休憩木平台则设置在了山腰位置，同时，阳光草坪安放在了山顶处，一边登高望远，一边沐浴阳光。

绿水：基于河流的现状，设计中将不会过多强调其观赏性。保留现有植被，重新梳理广场形式，强化桥体两侧植被。

临时景观：酒店的预留位置以草坪为主，一条蜿蜒的卵石路镶嵌其中，零星的几株乔木点缀在路旁，简洁明快，易于重塑。

2. 南科大中心

1）项目选址

南科大中心项目（包括餐饮中心、图书馆二期、综合服务楼）坐落在南科大校园西侧地块，礼仪主轴和学术天街的交汇处（图 8-56）。地块南侧较为平整，近邻学校标志性大榕树；北部邻山，山体有紫线区域，存有商周墓葬群；东南近邻校园现状景观水体。由香港华艺设计顾问（深圳）有限公司、法国 AS 建筑工作室设计。南科大中心为坡地建筑，地下 1 层，地上 5 层，建筑面积约为 29150 m²。其中，一层建筑面积 8327 m²，二层建筑面积 8866 m²，三层建筑面积 2846 m²，四层建筑面积 3043 m²，五层建筑面积 259 m²。地下车库及设备用房建筑面积为 5859 m²，架空层等核增建筑面积为 6086 m²。

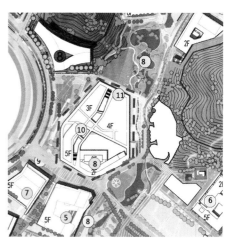

图 8-56 南科大中心区位图
来源：中国城市规划设计研究院提供底图，作者改绘。

2）设计理念

南科大中心在校园中占据核心位置。功能涵盖餐厅、图书馆及综合服务楼。一套百叶遮盖的环状系统（图 8-57），将不同功能的建筑体块有效统一，绿色步行长廊穿插缝合（图 8-58），带动人流在各个微单元间穿行，形成丰富流畅的场景感并创造出生动的公共空间，人性化的微气候使南科大中心与校园内其他独栋的建筑形成鲜明对比。

图 8-57 南科大中心百叶立面
来源：南方科技大学提供。

图 8-58　南科大中心
来源：南方科技大学提供。

3）总平面设计

（1）总体布局

南科大中心位于校园各个教学区和生活区的汇聚处，两条校园的主轴线将建筑切分为四个区域：食堂扩建、图书馆二期、学生活动中心、未来共享实验室。建筑在尺度上延续了现有建筑的肌理，并形成汇聚的效果。人行环廊将食堂、图书馆、综合服务和多功能厅四个区域环绕起来。人行环廊在建筑的中央创造出公共空间，生态长廊将建筑和周围环境联系起来（图 8-59）。

图 8-59　南科大中心人行环廊
来源：南方科技大学提供。

（2）公共空间设计

绿色生态长廊带动人流，在各个微单元间穿行，形成丰富流畅的场景感。体验各种公共空间，在体验当中学习，在学习之中潜移默化地体验人生，将"游"与"学"融合。在满足基础功能块设置的基础上，尽可能多地提供为师生启发身心的公共空间。这些非正式的活动场所，激发了正式交流和可能性的产生。

西入口广场：进入南科大中心的主要门前集散广场，顺坡地延展，配置条状绿带，尺度亲切宜人。

交流草坪：中心花园设置了巨大的交流草坪，师生们可以汇聚在此排演、交流、休憩、观看露天电影。

观景露台：沿花园设置的建筑，尽可能地利用面向花园的立面或屋顶，形成观景平台。

生态长廊：联系各功能的快捷通道，师生们可以在此穿行、交流、观展、逗留、观景。

山间栈道：联系山体和建筑、广场的步行小路。

4）建筑设计

（1）建筑功能

南科大中心位于礼仪主轴和学术天街的交汇处，现有餐厅占据了基地的重要转角，百叶遮盖的环状系统适应原有建筑形态，将不同功能的建筑体块有效地统一在内，绿色步行长廊穿插缝合，创造出生动的公共空间，人性化的微气候，使南科大中心与校园内其他独栋的建筑形成对比。师生在各功能楼之间方便到达，充分享受室内外的活动，不受恶劣天气的干扰。图书馆和综合服务楼，以相同的建筑语言来组织，形成一个整体。两者都舒缓地上升，突破屋顶平台，将室内的视线向周边景色打开。

餐饮中心在首层，围绕半下沉中心花园，加设了新的餐厅（中餐厅、西餐厅、咖啡厅）。一期与二期的餐厅成为一个整体餐饮中心，货运流线在地下集中解决。二期的各个餐厅面对花园设置通高的玻璃立面，师生可以自由地从各个方向进入自己所需的餐厅，而其他的功能不会受到干扰。

图书馆建筑平面利用"U"字形走廊结合中央大厅，合理有效地组织了图书馆所需的各个功能。地下一层解决运输流线；首层设置密集书库，结合室外花园设置室外阅读区、休闲座位区、24 小时研修室；主入口层设置入口大厅、休闲座位区及办公区；三至五层分别设置报刊阅览区、开架阅览区及研讨室、单人研读室等。

综合服务楼分为两部分，多功能厅独立设置，便于使用和疏散，必要时可服务于图书馆。多功能厅可以根据需要灵活摆放座椅，容纳约 360 名师生使用。综合服务楼首层设置公共服务区，包括展厅，之上分别设置学生场所和办公区。

（2）造型设计

南科大中心的两个构想：一个可以交流与沟通的场所和南科大的标志。作为场所，风雨连廊联系了东西南北和不同功能，连廊之下的立面要开放，即"虚"；作为标志，连廊之上的体量要"实"。为了达到标志性的"实"的效果，选择陶板作为主要的材料，两个由陶板覆盖的体量与连绵的山脉和谐共处（图 8-60）。南科大中心建筑体外立面仿佛被大片暖色帷幕包裹，低调而优雅。石材、轻质陶土百叶和玻璃有规律地排列，引导人们顺势进入其中。

方向：图书馆和综合服务楼两个体量从风雨连廊升起，东西长立面为"实"，南北短立面为"虚"，方向性明确。

界面：以陶板为主体立面材料表达长立面的"实"。

微界面：出于景观和采光的需要，东西立面单元统一逆时针旋转而形成开口，但是依然保证陶板为立面主要材料。

图 8-60　南科大中心立面虚实对比
来源：南方科技大学提供。

统一立面系统：陶板统一按逆时针旋转，之间形成竖向的长窗，巧妙地满足采光与景观的不同需求。

西立面：陶板的方向巧妙地阻挡了西晒，给开放空间带来柔和的采光，同时开窗方向朝向西北侧山景。

东立面：陶板之间的玻璃朝向东南向，陶板之间的横向长窗让使用者可以欣赏东侧的山景。

8.3.3 教学类

1. 理学院

1）建筑选址

理学院位于南科大校园西南角。西北与一期的行政楼、图书馆相邻，东北面向学校入口大草坪主景观广场（图 8-61）。理学院以"智慧之门"成为校园中最重要的主体建筑，作为校园南端制高点，进一步丰富校园天际线，展现南科大校园形象。由罗麦庄马（深圳）设计顾问有限公司（RMJM）、深圳市东大国际工程设计有限公司设计。总建筑面积约 56271 m²，拥有 186 间实验室。根据实验室的功能要求，一层层高 5.5 m，二至五层层高 4.5 m，六层层高 6 m，七至八层层高 4.5 m，九层层高 9 m。

2）设计理念

四个门型空间向内联通两个内部院落，两个院落空间界定了清晰简洁的建筑格局，形成

图 8-61　理学院区位图
来源：中国城市规划设计研究院提供底图，作者改绘。

内外交互的空间环境；建筑内部设置了丰富的交流空间，以促进学术交流、激发创想思维。舒缓的形体沿蜿蜒的大沙河展开，面对原校门设置了高层塔楼，成为校园南端制高点，丰富了校园天际线，成为校园中最重要的主体建筑（图 8-62）。

图 8-62　理学院（左）、商学院（右）、大草坪和大沙河共同组成景观空间
来源：南方科技大学提供。

3）总平面设计

（1）总体布局

理学院功能包括物理系、化学系、地球系和数学系四个学科部分，主要功能为各系的实验室、讨论室、教授办公区等；同时，作为学校南大门位置及体量最显要的建筑，理学院与北部的商学院共同构成了学校南大门区最主要的形象标识。

（2）交通组织

机动车外部交通组织：共有两个地下车库出入口，分别设于南面与北面，与人员流线互不干扰；各系均衡设置方便的货运电梯（载重 2 t），并在一层设置独立的卸货区。

人员交通流线组织：学院公共大堂位于核心部位，通过两个核心筒方便地将各层与各个系相连通；每个科系既有独立的入口空间，也有互相连通的公共交流空间。地面层在东面、西南面，沿规划人行通道上设置 1~2 层通高的大跨度架空公共通道，连通院落，并与校园形成开放且积极的交流空间。

4）建筑设计

（1）建筑功能

基于功能与形象定位要求，理学院各系根据主轴和人文景观轴所确定的建筑界面、体量和外部环境要素，紧密结合现状教学服务中心大楼，形成两个半开放式的庭院布局；各系垂直划分，形成相对独立又相互联系的四个有机功能板块。

物理、化学和地球系为5层的裙房板块，数学系为9层的塔楼。物理、化学、和地球系三个学科，主要功能为各种实验室，共设实验室186间。

平面布局上将实验室与讨论室组合为标准实验室单元。大实验室采用8.1 m开间，12.3 m进深；讨论室与设备管井结合布置，并设阳台，各单元采用单内廊式平面布局，空间布局紧凑，交通组织简洁，实验室与讨论室均可获得良好的自然采光通风条件。

教授办公区，集中布置在每个楼层近端，既可方便与实验区联系，也能保证相对独立和安静的环境。办公区采用中庭式布局，避免大进深平面中常见的单调黑暗的空间，为教师办公区构建出丰富的、充满阳光的内部空间环境。

设一层地下室，主要功能布置部分实验室、设备机房，其余为机动车库。

（2）造型设计

立面造型：底层局部架空与庭院空间紧密相连。基于建筑理性的功能性质和总体构思，建筑立面采用丰富而又细致的、统一的立面肌理处理手法。基于建筑东西向45°角的朝向，立面统一设置简洁而又富有韵律的铝板遮阳，结合大虚大实的组合关系，营造出强烈的现代风格；结合现有校园入口，将数学系设计成点式塔楼，置于用地西南侧，在建筑高度普遍低于24 m的校园南区脱颖而出，丰富校园天际线，塑造出南科大创新、现代的形象标志。

立面材质：采用素雅洁净的白色涂料为基本材质，结合银白色铝板遮阳，共同构成整体形象。材料选择上采用玻璃、石材、仿石材铝板等，形成现代洁净、空间联动、温馨宜人的整体形象（图8-63）。

图8-63 理学院立面
来源：南方科技大学提供。

（3）景观设计

以场地现状已有的山体水系、建筑等为依托；以大榕树和南侧山体为对景建立主轴线；以主轴为基准，在两侧形成对称的主界面；最终形成以大草坪为主体，以林荫大道和骑楼为导向的主轴空间；平行于人文景观轴形成主界面；最终形成完整的校园主体空间格局。

2. 商学院及创新创业学院

1）建筑选址

商学院、创新创业学院位于南方科技大学校园西南角，西北侧为公共教学楼，与理学院以大草坪相隔，商学院、创新创业学院与理学院主界面在校园主轴方向相对对称设计（图8-64）。由罗麦庄马（深圳）设计顾问有限公司（RMJM）、深圳市东大国际工程设计有限公司设计。南方科技大学商学院、创新创业学院建筑面积约为 20895 m²，地上5层，地下2层，一层层高5.5 m，二至五层层高4.5 m。

图 8-64　商学院、创新创业学院区位图
来源：中国城市规划设计研究院提供底图，作者改绘。

2）设计理念

商学院与理学院公共教学楼其建筑体量对称呼应（图8-65），面向郁郁葱葱的自然山体，塑造了逐层跌落的外部院落，内部通过逐层递进的公共平台形成不断扩展的内部空间，在提供丰富的交流空间的同时强化了空间的体验性。

图 8-65　商学院与理学院公共教学楼
来源：南方科技大学提供。

3）总平面设计

商学院由学术轴线、人文轴线、山体河流共同形成建筑界面。沿主轴设置骑楼空间，连通公共教学楼的骑楼界面形成通廊，引入山体景观形成开放院落。

根据商学院功能特点，结合庭院空间，设置室内大台阶，丰富内部空间趣味。商学院的阶梯中庭形成建筑各层之间、室内室外之间的对话。创新创业学院的错层中庭丰富了空间效果，加强了室内空间的体验性。

4）建筑设计

（1）建筑功能

商学院建筑功能主要为各种教室、研讨室、教师办公会议室等。采用"U"字形平面，开口朝向东北侧景观水系山景；响应内部功能，形成以室内外阶梯形平台为特色的开放的建筑功能空间布局。

平面上，商学院将四个系分层布置，公共教室集中布置，利用主街和阶梯中庭加强各层的联系。创新与创业学院将功能分区并围绕开放的错层中庭设置，形成简单高效的功能布局。

（2）造型设计

商学院基于总体立面风格构思，建筑立面采用与理学院既统一而又在细节上具有特点的造型处理手法，延续了理学院柱廊的设计，强烈的虚实对比体现了现代典雅的建筑性格（图8-66）。立面的材质采用白色涂料点缀银白色的铝板，既能起到遮阳的效果，又能体现素雅清新的建筑风格，与周边建筑环境和谐共处。

图 8-66　商学院
来源：南方科技大学提供。

5）景观设计

商学院充分利用外部环境的优势，将内庭院开放式处理，对山体敞开的内庭院，与山体产生强烈的共鸣。根据规模和展示性要求，沿主轴和沿河界面安排商学院，沿人文轴线安排创新创业学院。根据创新创业学院功能特点，结合庭院空间，面向山体，局部设置层层叠退露台，更好地回应自然景观。

3. 公共教学楼

1）建筑选址

公共教学楼位于南科大校园西南角，东南侧为公共教学楼，与理学院以大草坪相隔，公共教学楼与商学院沿校园主轴设计骑楼界面，与校园主轴呼应（图8-67）。由罗麦庄马（深圳）设计顾问有限公司（RMJM）、深圳市东大国际工程设计有限公司设计。公共教学楼为各科系公共的教室，地上5层，地下2层，建筑面积约13405 m²。设有阶梯教室、大教室及翻转教室等，可同时满足3250名学生使用。公共教学楼共5层，一层层高5.5 m，二至五层层高4.5 m。

图8-67　公共教学楼区位图
来源：中国城市规划设计研究院提供底图，作者改绘。

　　2）设计理念

以教学会所为设计理念，门厅处设置咖啡厅，二层屋面结合滨水大台阶设置室外平台，满足学生日常交流所需。其立面造型与理学院呼应，同时利用丰富的挑板及柱廊，结合虚实对比关系，打造学生交流互动、休憩学习的多层次空间。教学楼围绕中心庭院布置多种类型的教室并安排丰富的交流讨论空间，开放庭院面向自然山体并形成多维度的外部休憩空间，成为校园中充满活力的"教学会所"（图8-68）。

图8-68　公共教学楼
来源：南方科技大学提供。

　　3）总平面设计

教学主街以山体为对景，形成与自然对话的室内空间；外部环境上，别致的内庭院结合各个屋顶平台，形成以独特的院落序列。

　　4）建筑设计

　　（1）建筑功能

公共教学楼采用"U"字形内院式平面，开口朝向东北侧景观水系山景，形成以多层次室外平台为特色的开放的建筑功能空间布局。

响应岭南水街及碉楼的形态，在平面和立面上进行退让，与碉楼形成对话。平面上将服务功能集中布置，高效的环形走廊串联教学空间，将教师休息室化零为整，营造便于交流和休息的教师会所。

（2）造型设计

基于总体立面风格构思，建筑立面与采用现代典雅风格元素的理学院、商学院大致统一。立面材质采用了素雅的白色涂料，有序排列细长条的方窗，体现出教学类建筑严谨有序的格调，简洁却不单调（图 8-69）。

图 8-69　公共教学楼立面
来源：南方科技大学提供。

4. 工学院

1）项目选址

南科大工学院坐落在校园西北部，西侧靠南科一路，南面对应学校西入口，东面为学校校园。工学院为高层公共建筑，由南、北两栋建筑组成，是校园西北角的标志性建筑（图8-70）。由奥意建筑工程设计有限公司、香港BE 建筑设计有限公司（Baumschlager Eberle Hong Kong Ltd.）设计。工学院东南面是两座山丘，设计方案为两栋"U"形体量的教学实验楼，向内开放的庭院面对山体，有效利用景观优势，是内庭院人工景观到自然景观的延续。同时，建筑整体体量设计成西高东低、北高南低的形式，充分体现了对地形的考虑以及对自然的尊重。

其功能包括：教室、实验室、办公室、会议室、卫生间及其他辅助用房等。共设有 200 多间教授科研实验室组合空间、70 间公共教学实验室，此外还包括面积 600 m² 的工学院协作中心，

图 8-70　工学院区位图
来源：中国城市规划设计研究院提供底图，作者改绘。

可容纳近 200 人的报告厅等公共会议中心。工学院建筑面积 114134 m²，其中，南楼 9 层，
建筑平面呈"C"字形，建筑高度 42.3 m，总建筑面积约 47000 m²；北楼 10 层，建筑平面
呈"U"字形，建筑高度 46.8 m，总建筑面积约 67000 m²。南北楼共用地下室一层，面积近
2 万 m²，约有停车位 350 个。

2）设计理念

作为理工科大学，工学院对于南方科技大学显得极为重要，不仅需要实用性很强的空
间，还要包含对未来发展的考虑，以应对这座前瞻性极强的大学先进的办学理念。设计充
分体现了校园建筑的庄重、简洁、经济性特征，并且利用了自然景观的优势，通过细致的
分析，设计不仅让工学院在功能上达到了高标准，还从室内外空间、细节、绿色建筑等部
分进行人性化设计，满足了南方科技大学整体教育理念，让工学院能很好地融入大学社
区中。

3）总平面设计

（1）总体布局

方案延续了校园整体结构"两轴三廊一环"的概念，工学院是连接南边西入口、学生
共享区以及东面宿舍区的重要节点，通过"学术天街"连接学生共享区及宿舍区，师生可
以顺利到达工学院，或者穿过两座建筑公共部分到达校园社区（图 8-71）。

图 8-71　工学院鸟瞰
来源：南方科技大学提供。

（2）交通组织

考虑到未来校园将设置西北门，人流和车流大幅度增加，为避免人车混流，在入口景
观上作了精心处理及设计，使得流线清晰，也能吸引人群进入工学院，让校园融入周边
的社区环境。

4）建筑设计

（1）建筑功能

南方科技大学工学院共有九个学系，均匀地布置在两个 U 形体量中。南楼主门厅及二楼室外平台不仅提升了大楼内部空间的现代感，更为广大师生提供了沟通交流的休闲场所。公共教室与实验室被布置于一层及二层的局部，让学生可以轻松到达。部分实验室也被布置在地下一层，保证了安全性。每两个学系共享一个核心交通空间，共用核心筒让交通更高效，也利于学系间的交流，而共享的货梯也保证了大型机械及器材的顺利运输。

（2）造型设计

外遮阳为石材以及金属遮阳百叶。屋顶部分运用太阳能板，西高东低、北高南低的屋顶可以极大程度地保证了太阳照射角度（图 8-72）。除了外遮阳及屋顶设计对绿色建筑的考虑外，在设计的同时也考虑了本地绿植与生物的多样性，围护结构采用外遮阳，除了可以满足实验室自然通风的需求，还是对深圳亚热带气候的最好回应。

图 8-72　工学院外立面
来源：南方科技大学提供。

（3）公共空间特点

为了提高学系内部的联系，每个学系都设计了竖向的中庭，保证了内部的垂直联系，开放的内部空间让沉闷的实验室走廊空间增加了乐趣。简洁的开放式建筑平面不仅方便了不同科系的功能布局，满足了不同实验室的特殊要求，增强了建筑的经济性，还能适应未来不断更新的功能变化。

通过"学术天街"连接学生共享区及宿舍区（图 8-73），庭院中设计了小型餐厅及咖啡厅，面向全校学生，使得公共走廊不仅是通过性的，还是可供人停留的共享空间（图 8-74）。

图 8-73　工学院"学术天街"
来源：南方科技大学提供。

图 8-74　工学院室内共享空间
来源：南方科技大学提供。

5）景观设计

工学院设计充分考虑地形特点，巧妙地利用了东南面的两座山丘，将内庭院面对山体开放，让内庭院人工景观向山体自然景观有序过渡，有效延展了景观轴线和视野效果（图 8-75）。建筑整体体量设计成西高东低、北高南低的形式，与山势、地形相得益彰。内庭院林木茂盛、绿草如茵，营造出一片室外学术共享空间。

图 8-75　工学院面向山丘
来源：中国城市规划设计研究院提供。

南楼主门厅及二层室外平台不仅提升了大楼内部空间的现代感，更为广大师生提供了沟通交流的休闲场所。大楼内部均设计有竖向的中庭，保证每两个学系可以共享一个核心交通空间，既利于系间交流，也增添了走廊空间的乐趣。开放式的建筑平面不仅方便不同科系的功能布局，满足不同实验室的特殊要求，还能适应未来不断更新的功能变化。

5. 人文社科学院

1）项目选址

南科大人文社科学院项目坐落在南科大校园中部偏南侧地块，南临长岭陂河（图8-76）。地块地处山谷，周边山体起伏约20 m，东侧有规划水系及湿地公园。基地南北部山体有紫线区域，存有商周墓葬群。由香港华艺设计顾问（深圳）有限公司、法国AS建筑工作室设计。人文社科学院为坡地建筑，占地面积4169 m²，总建筑面积6545 m²，地上3层，高度为16.40 m。

2）设计理念

项目依山而建，通过降低建筑的高度，力图将建筑与山景相结合，与山谷遥相呼应（图8-77）。降低建筑高度，尺度宜人。通过建筑"化整为零"，增加更多的户外空间，打造适宜室外步行的校园建筑。

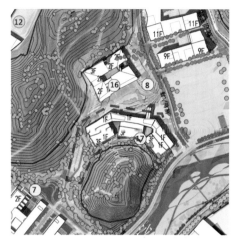

图 8-76　人文社科学院区位图
来源：中国城市规划设计研究院提供底图，作者改绘。

图 8-77　人文社科学院鸟瞰图
来源：中国城市规划设计研究院提供。

3）总平面设计

基地处于山谷之间，以及校园的人文景观轴上。在轴线以南的人文社科学院依山傍水，享有南侧的山景和北侧的湿地景观。人文社科学院和办公楼两组建筑一南一北、一高一低的布局，与山体和景观交相辉映，将成为校园人文景观轴线上的一个生态有机的建筑群落（图8-78）。

图 8-78　人文社科学院（左）与办公楼（右）鸟瞰图
来源：南方科技大学提供。

4）建筑设计

（1）建筑功能

人文社科学院在功能上由人文部、社科部、国学部三个学科和三个学科间共享的教室和阅览室组成。三个学科分别设立在三个独立的体量内，三个体量顺应山势呈一字排开，它们之间通过廊道联系。位于中心的国学部的首层是供学院三个学科共享的教室和阅览室，这样的设计使得这里成为人文社科学院三个体量的中心，也是学生和教授各种活动的中心，这种在功能上的汇聚，使得呈线性排布的三个体量因此"形散神不散"，形成在功能上紧密联系的整体。

（2）造型设计

在形态上，建筑的大屋檐和屋檐围合出的庭院体现了宁静的学术氛围，和岭南建筑中建筑与庭院相互交融的特质（图 8-79）。

5）景观设计

建筑的主入口位于中间体量的两侧。设计秉承传承岭南地域文化的宗旨，着力汲取岭南建筑地域特色，在"山""水""院""廊"的交错交融中，建筑以最质朴的方式呈现着对自然的尊重和对岭南文化的传承。

每个学科所在的建筑内部都拥有一个独立的内庭院（图 8-80、图 8-81），学科的办公室和教室向外享有湿地和山体景观，向内拥有宁静的庭院景观。丰富的景观为教授和学生创造了优美宁静的科研与学习环境。

图 8-79　人文社科学院屋顶
来源：南方科技大学提供。

图 8-80　人文社科学院内庭院 1
来源：南方科技大学提供。

图 8-81　人文社科学院内庭院 2
来源：南方科技大学提供。

8.3.4 住宿类

宿舍区

1）项目选址

南科大宿舍区位于校园西侧，项目用地分为毗邻的 A 和 B 两个地块，分别位于园区内规划二路西侧和东侧（图 8-82）。本项目用地范围内有多处以商周时期为主的古迹遗址，保护级别为区级保护文物。由中外建工程设计与顾问有限公司、深圳华汇设计有限公司设计。

图 8-82　宿舍区区位图
来源：中国城市规划设计研究院提供底图，作者改绘。

书院共由 17 栋单体建筑组成，总建筑面积约 164252 m²，分为两期建设。A 地块所在的博士生宿舍区用地面积共 14815 m²，建筑面积上集中食堂 4259 m²、图书馆分馆 1566 m²、博士生公寓 41721 m²、消防控制室 229 m²、架空层 2889 m²、地下室及设备用房 10794 m²。B 地块所在的本科生、硕士生住宿区用地面积共 29769 m²，建筑面积上书院 6769 m²、硕士生宿舍 23959 m²、本科生宿舍 29206 m²、设备用房 1331 m²、架空层 2653 m²。其中，本科生宿舍 1197 间，可满足 4788 名本科生生活；硕士生宿舍 1046 间，可满足 2092 名硕士生生活；博士生宿舍 1708 间，可满足 1708 名博士生生活。

2）设计理念

采用书院制模式的学生宿舍与国际接轨，涵盖了住宿、餐饮、文娱康乐设施、学术及文化活动等功能，为学生打造文理渗透、专业互补、思维拓展的课外平台。

在书院聚落的内部创造属于书院自身的庭院空间，为书院提供独立、可停留的内部空间。通过连廊区隔公共庭园，以平台层连接两个地块，实现人车分流，平台层为学生便捷到达学术天街区域提供便利条件。多层次的庭院空间为交流提供趣味性及丰富的空间层次与体验，使书院内部交流的同时又在书院与书院之间以及组团与组团（图 8-83）之间产生公共交流，避免现有线形空间格局缺乏停留感。

图 8-83　书院建筑群
来源：南方科技大学提供。

3）总平面设计

（1）总体布局

地块沿二级关路方向地势较为平坦，因此适合布局高层宿舍建筑，最大限度地消化体量，同时实现节约用地的愿景。地块沿湖方向，有较为明显的坡地，适合布置多层宿舍建筑，以减少挖方和填方，以免资源的浪费。在湖、山之间降低建筑体量，一方面保持对自然的尊重，同时也为宿舍带来良好的景观视野，依山而建的多层宿舍，层层叠进，与北侧的高层建筑和南侧的一期宿舍建筑，形成充满韵律感的天际线。

（2）竖向设计

地块通过垂直院落（图 8-84）、空中廊道、地面院落（图 8-85）三个维度的空间构成层次丰富的立体书院，巧妙地解决用地紧张的问题，同时自然形成全校师生公共活动空间到博士生宿舍共享空间的过渡。为学生提供一个集生活、交际、学习、运动和居住于一体的场所。

图 8-84　垂直院落
来源：南方科技大学提供。

图 8-85　空中连廊和地面院落
来源：南方科技大学提供。

4）建筑设计

（1）建筑功能

书院建筑布局依山就势，以中央庭院、湖光山色为重要元素，凝练生态与人文并举的湖山院舍场景。庭院设计汲取岭南园林特色，打造出以院变园、以廊喻巷、以绿围苑的岭南特色。"天街"式的二层步行系统将住宿区、图书馆、餐饮中心、自然庭院、泛文化交流区等校园活力节点有序串联，同时创造出灵活、自由、生态的外部环境，是学生聚会、休息、交流的共享空间，成为多元化的空中载体。形成四大体系：山体生态体系、景观书院体系、滨水人文体系、群落建筑体系。博士生宿舍的布局依托校园水势山形的线性结构，南北线性布局，形成合院式的集中交流空间。本科生、硕士生宿舍在延续一期线性排列的基础上，调整建筑的朝向，形成庭院空间。

（2）造型设计

外观设计突出现代、明快的设计理念，兼顾视觉效果与材料的经济性、实用性，通过不同材料的组合运用和色彩的有机配置，塑造出丰富有序的视觉形象。

主体建筑实墙部分采用灰色系砖墙，优雅稳重，并与白色墙体相互映衬，形成强烈的视觉对比，并富有韵律。

5）景观设计

汲取岭南园林特色，以院、廊、台的场所要素组织室外建筑空间，以现代的景观语汇及材料，演绎传统的园林特色。将轻盈、自在与敞开的岭南特色园林与现实主义结合，打造出丰富的生态景观环境；满足校园环境景观功能空间的需求。保留东西方向山脉走势，尊重自然山水，结合生态环境，依山就势创造"一横二纵"的人文交流台地空间。与周边山体及水系有机联系，创造出与自然环境共生的校园环境（图 8-86）。

图 8-86　书院景观设计
来源：南方科技大学提供。

结　语 〜〜〜〜〜〜〜〜

　　本书以总结归纳国外知识城市的大学功能构成与功能布局为主要目的，在城市规划与设计层面上探讨了知识城市背景下，大学校园的规划与建设模式。本书筛选全球知名知识城市的案例，并对其大学的功能构成及功能布局进行了全方位的总结，同时强调国内本土化建设范例，以南方科技大学校园规划与建设为主要案例，主要从规划策略、规划特征、建筑设计特征等方面，全面阐释知识城市下大学校园建设的典型特征，为国内其他大学功能构成与功能布局优化提供一定的参考与借鉴。

　　大学校园规划与建设，涉及功能配置、空间结构、规模控制等复杂问题，要具体问题具体分析。有些内容有待进一步探讨，例如关于大学校园建设规模问题，2018 年 9 月开始实施的《普通高等学校建筑面积指标》建标 191—2018（建标 [2018]32 号）取消了建设用地指标上限，以校舍总面积和相应的容积率为依据核定建设用地，但是 2018 年指标的生均校舍面积仅比以前指标增加了 10% 左右。随着城市建设的高速发展，大学校园建设已经进入高密度的集约化建设阶段，以往的开发强度与校舍指标已不适应实际情况，建议结合大学的实际发展需求和类型差异，适当提高建设标准和增加部分功能规模，以更好地体现大学从主体使用者的需求出发的"以人为本"的规划设计理念。

　　本书的主要目的是希望建构兼顾学术性和实际可操作性的大学规划与建设理念，为大学管理者、建设者、研究者提供有益的启示。

南方科技大学建筑项目获奖汇总

获奖项目	获奖名称	设计单位
会议中心	2021 中国建筑工程装饰奖	深圳市欧博工程设计顾问有限公司
南科大中心	2021 中国建筑工程装饰奖	香港华艺设计顾问（深圳）有限公司；法国 AS 建筑工作室
人文社科学院	2021 中国建筑工程装饰奖	香港华艺设计顾问（深圳）有限公司；法国 AS 建筑工作室
校园二期景观工程	2019 年国家级风景园林设计奖	深圳市朗程师地域规划设计有限公司
校园二期基础设施施工图设计阶段 BIM 技术应用	2019 年国际 BIM 大赛二等奖	广州同尘建筑设计咨询有限公司
工学院	2019 年省级质量示范项目奖 2020 年广东省工程优质结构奖	奥意建筑工程设计有限公司；BE 建筑设计（Baumschlager Eberle Hong Kong Ltd.）

参考文献 〰〰〰〰〰〰〰

[1] 汤朔宁. 大学校园生活支撑体系规划设计研究[D].上海：同济大学，2008.

[2] 王志章. 知识城市：21世纪城市可持续发展的新理念[M].北京：中国城市出版社，2008.

[3] Ergazak is Kostas，Metaxiotis Kostas，John Psarras.Towards Knowledge Cities：Conceptual Analysis and Success Stories[J].Journal of Knowledge Management，2004（5）：5–15.

[4] Francisco J.Carrillo.Knowledge Cities：Approaches，Experiences and Perspectives[M].Oxford：Butterworth–Heinemann，2006.

[5] （美）托马斯·弗里德曼. 世界是平的：21世纪简史[M].何帆，等，译. 长沙：湖南科学技术出版社，2006.

[6] R.Knight.Knowledge–based Development：Policy and Planning Implications for Cities[J].Urban Studies，1995（2）：225–260.

[7] 亚历山德拉·登海耶，杰基·德弗里斯，汉斯·德扬，焦怡雪. 发展中的知识城市——整合城市、企业和大学的校园发展战略[J].国际城市规划，2011，26（3）：50–59.

[8] 王志章，王启凤. 创新生态学视角下的知识城市构建[J].郑州航空工业管理学院学报，2008，12（6）：56–62.

[9] 吴玲，王志章. 全球知识城市视角下的中国城市空间结构研究[A]//城市规划和科学发展——2009中国城市规划年会论文集. 天津：天津科学技术出版社，2009：1046–1054.

[10] （美）安纳利·萨克森宁. 地区优势：硅谷和128公路地区的文化与竞争[M].上海：上海远东出版社，2000.

[11] Wim Wiewel，Frank Gaffikin，王珏. 城市空间重构：大学在城市共治中的作用[J].国外城市规划，2002（3）：10–13.

[12] William Richardson.大学社区重建与城市复兴——塔科马历史仓储区的改造利用与更新[J].时代建筑，2001（3）：25–29.

[13] 陈红梅，方淑芬. 大学城的聚集经济效应分析[J].燕山大学学报，2006（6）：557–560.

[14] 诸大建，鄢妮. 大学对所在城市和地方经济发展的关联作用研究[J].同济大学学报（社会科学版），2008（4）：27–32，46.

[15] 范英. 大学对所在城市经济发展的效用分析——以哈尔滨为例[J].大庆师范学院学报，2016，36（4）：14–19.

[16] 李峰. 发挥高校文化在锦州城市文化建设中的引领作用[J].辽宁工业大学学报（社会科学版），2012，14（3）：63-65.

[17] 杨玉新. 大学在城市文化发展中的作用分析[J].现代商贸工业，2012，24（21）：69-70.

[18] 陈素文. 略论大学文化与城市文化的互动发展——以福建师范大学福清分校为例[J].福建师范大学福清分校学报，2015（1）：78-82.

[19] 孙雷. 论大学文化与城市文化的互动[J].学校党建与思想教育，2012（4）：89-90.

[20] 李俊峰，米岩军，姚士谋. 大学城——我国城市化进程中的新型城市空间[M].北京：中国科学技术大学出版社，2010.

[21] 宋泽方，周逸湖. 大学校园规划与建筑设计[M].北京：中国建筑工业出版社，2006.

[22] 涂慧君. 大学校园整体设计——规划·景观·建筑[M].北京：中国建筑工业出版社，2007.

[23] 何镜堂. 当代大学校园规划理论与设计实践[M].北京：中国建筑工业出版社，2009.

[24] 江立敏，王涤非，潘朝辉，等. 迈向世界一流大学——从校园规划与设计出发[M].北京：中国建筑工业出版社，2021.

[25] 王建国. 从城市设计角度看大学校园规划[J].城市规划，2002（5）：29-32.

[26] 孙澄，梅洪元，李玲玲. 互塑共生——谈现代建筑创作中的城市公共空间创造[J].哈尔滨工业大学学报，2001（4）：557-561，572.

[27] 田银生，刘韶军. 建筑设计与城市空间[M].天津：天津大学出版社，2000.

[28] 黄世孟. 台湾大学校园规划之经验与策略[J].城市规划，2002（5）：46-49.

[29] 肖玲. 大学城区位因素研究[J].经济地理，2002（3）：274-276.

[30] Berg，Den L.V.European Cities in the Knowledge Economy[M].London：Ashgate，2005.

[31] 王志章，吴玲. 知识城市与城市魅力构建研究[C]//和谐城市规划——2007中国城市规划年会论文集. 哈尔滨：黑龙江科学技术出版社，2007：1511-1518.

[32] 罗伯特·西姆哈，纪绵. 为大学与时俱进的社会角色而设计——哈佛大学与麻省理工学院校园的比较分析[J].时代建筑，2021（2）：36-39.

[33] 刘铮，王世福，莫浙娟. 校城一体理念下新城式大学城规划的借鉴与反思：以比利时新鲁汶大学城为例[J].国际城市规划，2017，32（6）：108-115.

[34] 王爱华，张黎. 我国大学城的几种类型模式及其特点[J].中国高教研究，2004（3）：68-69.

[35] 许炳，徐伟. 我国大学城建设的模式及功能[J].现代教育科学，2005：29-32.

[36] 虞刚. 建立"学术村"——探析美国弗吉尼亚大学校园的规划和设计[J].建筑与文化，

2017（6）：156-158.

[37] 龚维敏. 超验与现实——深圳大学建筑与土木学院院馆设计[J].建筑学报，2004（1）：52-57.

[38] 南方科技大学发布十周年校庆公告（第一号）[EB/OL].https：//www.sustech.edu.cn/10th/.

[39] 南方科技大学官网https：//www.sustech.edu.cn/.

[40] 南方科技大学官网——学校概况[EB/OL].https：//www.sustech.edu.cn/zh/about.html.

[41] 何珊. 南方科技大学书院建筑规划、设计及使用后评价研究[D].西安：西安建筑科技大学，2019.

[42] 中国城市规划设计研究院深圳分院. 南方科技大学校园建设详细蓝图说明书[Z]，2016.

[43] 中国城市规划设计研究院. "酒窖"、地方性与校园规划——南科大二期校园设计回顾[Z]，2021.

[44] 深圳市朗程师地域规划设计有限公司. 生长中的校园景观——南科大二期校园设计回顾[Z]，2021.

[45] 曹昌宇. 基于深圳地域特色的当代大学校园建筑设计策略研究[D].深圳：深圳大学，2017.

[46] 钟乔. 不再"行政"的行政办公楼——深圳南方科技大学行政办公楼设计回顾[J].城市建筑，2013（21）：84-89.

图书在版编目（CIP）数据

知识城市与大学校园：南方科技大学校园规划与建设研究 = Knowledge City and the University Campus——Researching the Planning and Construction of the Southern University of Science and Technology Campus / 程军祥，马航，王墨晗编著 . —北京：中国建筑工业出版社，2022.12

ISBN 978-7-112-27914-2

Ⅰ.①知… Ⅱ.①程… ②马… ③王… Ⅲ.①南方科技大学—校园规划—研究 Ⅳ.① TU244.3

中国版本图书馆 CIP 数据核字（2022）第 169830 号

责任编辑：柏铭泽 李成成
责任校对：张惠雯

知识城市与大学校园
南方科技大学校园规划与建设研究
Knowledge City and the University Campus
Researching the Planning and Construction of the Southern University of Science and Technology Campus

程军祥 马航 王墨晗 编著
*
中国建筑工业出版社出版、发行（北京海淀三里河路 9 号）
各地新华书店、建筑书店经销
北京海视强森文化传媒有限公司制版
天津图文方嘉印刷有限公司印刷
*
开本：880 毫米 × 1230 毫米 1/16 印张：14$\frac{1}{2}$ 字数：245 千字
2022 年 12 月第一版 2022 年 12 月第一次印刷
定价：**149.00** 元
ISBN 978-7-112-27914-2
（40036）

Knowledge city